高等学校电子信息类系列教材

基于 STM32 单片机的
嵌入式系统技术与实践

吴占雄　曾　毓　主编

西安电子科技大学出版社

内 容 简 介

本书是面向单片机嵌入式系统学习与产品开发的入门实践教程。全书共 11 章，主要包括嵌入系统设计概述、STM32 单片机的体系结构及固件库、STM32 单片机开发环境配置、RT-Thread 嵌入式实时操作系统、STM32 单片机串口通信实践、简单外设应用实践、数据采集、定时功能、实时时钟与低功耗设计、嵌入式文件系统、数模转换等内容。

本书为提高读者的单片机系统编程实践能力而编写，内容由浅入深，图文并茂，代码解释详细、可操作性强。书中使用的 STM32F407 电子系统学习板具有通用性。本书示例工程提供了完整的实验源代码。示例工程只需经过简单修改即可编译、调试、运行，非常适合学习 STM32 单片机系统开发的人员使用。示例工程相关资料请到出版社官网(www.xduph.com)下载。

本书可作为高等学校非计算机专业嵌入式或单片机相关课程的基础实践教材，也可作为相关工程技术人员的参考资料。

图书在版编目(CIP)数据

基于 STM32 单片机的嵌入式系统技术与实践 / 吴占雄，曾毓主编.--西安：西安电子科技大学出版社，2024. 10. -- ISBN 978-7-5606-7425-4

Ⅰ. TP368.1

中国国家版本馆 CIP 数据核字第 20243WR674 号

策 划 陈 婷
责任编辑 汪 飞
出版发行 西安电子科技大学出版社(西安市太白南路 2 号)
电 话 (029)88202421 88201467   邮 编 710071
网 址 www.xduph.com   电子邮箱 xdupfxb001@163.com
经 销 新华书店
印刷单位 陕西日报印务有限公司
版 次 2024 年 10 月第 1 版   2024 年 10 月第 1 次印刷
开 本 787 毫米×1092 毫米 1/16   印 张 14
字 数 329 千字
定 价 37.00 元

ISBN 978-7-5606-7425-4

XDUP 7726001-1

*** 如有印装问题可调换 ***

　　将电子系统嵌入一个实际对象体系中，可实现对象体系的智能化状态监测与控制。随着电子与软件技术的发展，嵌入式系统应用已经融入社会生活的各个领域（如军事武器、交通工具、工业控制、边缘计算、楼宇安全检测、物联网等），已成为继个人计算机和互联网之后信息技术领域的新热点。嵌入式系统凭借体积小、功耗低、结构简单、可靠性高、使用方便、性价比高等优点，获得了开发人员的青睐。然而由于嵌入式系统是综合性电子系统，涉及内容广泛而繁杂，因此为了进一步帮助读者深入理解和掌握嵌入式系统的基本原理和开发过程，本书从细微处入手，对硬件平台与软件编程进行详细介绍，非常适合入门者使用。本书还适时引入思政元素，把专业知识与思政教育结合起来，以求达到润物细无声的效果，实现全方位育人的目标。

　　本书主要特色如下：

　　• 实践性强。本书介绍了官方 STM32 固件库的使用及各种外设（时钟、终端、计时器等）的操作方法，重点介绍了 STM32 单片机示例工程，包括其开发过程和详细源代码，读者可在自制开发板上对这些示例工程直接进行编译和运行。

　　• 基础知识详实。本书详细介绍了 STM32 单片机从上电启动到多任务创建的整个执行过程，涉及系统开发的很多细节，包括开发环境、STM32 单片机体系结构与固态库、RT-Thread 多任务创建与管理、串口通信、数据采集、定时器、实时时钟、嵌入式文件系统、数模转换等内容。这些基础知识将成为打开嵌入式系统开发大门的钥匙。

　　• 时效性强。本书以目前流行的 STM32 单片机为基础展示嵌入式系统的基本原理和开发过程，结合工程示例介绍了前沿的电子系统实现技术，增加了当前的研发热点。

　　• 语言通俗易懂。在描述各种嵌入式系统概念或原理时，使用了简洁的语言，以便读者更好理解相关内容。

　　全书共 11 章，从实用性角度出发，较全面地介绍 STM32 单片机的开发环境配置、各种接口程序开发等实践操作，主要内容如下：第 1 章概述了嵌入式系统的概念及开发流程；第 2 章介绍了 STM32 单片机的体系结构、STM32F407 固件库以及教学硬件平台的接口配置情况；第 3 章梳理了 STM32 单片机的开发环境，包括 STM32CubeIDE、KeilMDK、STM32CubeMX；第 4 章详细介绍了 RT-Thread 嵌入式实时操作系统；第 5～9 章及第 11

章分别介绍了 STM32 单片机串口通信实践、简单外设应用实践、数据采集、定时功能、实时时钟、数模转换等内容；第 10 章简单介绍了嵌入式文件系统。

　　教学中，教师可根据教学对象与学时对书中内容进行选择，参考学时为 32 学时。

　　本书第 1、2、7～11 章由吴占雄编写，第 3～6 章由曾毓编写。全书由吴占雄统稿。编者为杭州电子科技大学电子信息学院教师，一直从事嵌入式系统与单片机相关实践课程的教学工作，并长期与企业合作进行嵌入式系统项目开发，具有丰富的开发经验。

　　编写本书时，编者参考了大量的技术资料，吸取了许多专家和同仁的宝贵经验，在此对他们表示谢意！西安电子科技大学出版社的陈婷编辑为本书的出版做了大量工作，在此表示感谢！

　　由于单片机技术发展迅速，编者水平有限，加之时间仓促，书中难免有不妥之处，望广大读者批评指正。

编者

2024 年 4 月

目　　录

CONTENTS

第 1 章

嵌入式系统设计概述

嵌入式系统对各行各业的技术改造、产品更新换代、自动化进程加速、生产率提高等都起到了极其重要的推动作用。在军事领域，嵌入式系统通过传感器和执行器与武器装备进行交互，可以提高武器装备的工作效率。在工业领域，嵌入式系统的一种典型应用便是嵌入式控制器，如电机控制器、机床控制器、注塑机控制器等。随着物联网的发展，嵌入式系统也被用来采集信息并通过网络上传至服务器。目前，嵌入式系统的应用领域越来越广泛。

1.1 嵌入式系统的概念

嵌入式系统(Embedded System)是指以特定应用为中心，以传感器、计算机、网络等技术为基础，软硬件可裁剪，适应应用系统对功能、可靠性、成本、体积、功耗等严格要求的专用计算机系统，一般由单片机或者微控制器、FPGA、外围电路、嵌入式操作系统等部分组成。伴随着电子与软件技术的发展，嵌入式系统已经融入社会生活的各个领域，如军事、交通、医疗、智慧家居、农业、娱乐、仪器、可穿戴设备、安防、工业等领域，如图 1-1 所示。

在嵌入式系统市场需求的驱动下，半导体厂商陆续推出了各具特色的微型化控制芯片。

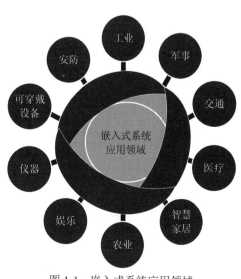

图 1-1　嵌入式系统应用领域

Intel 公司于 1976 年、1980 年、1984 年分别推出了 MCS-48、MCS-51、8096 系列单片机，这些单片机获得了广泛应用。这奠定了嵌入式系统的单片机应用模式，标志着嵌入式系统应用的兴起。自此，面向各种不同应用领域，特色各异的嵌入式处理器不断出现并升级换代，包括 ARM-Cortex M 系列、PIC 系列、MIPS 系列、AVR 系列、MSP430 系列等，极大地提高了嵌入式系统的应用水平。目前，随着 32 位、64 位单片机成本大幅下降，32 位、64 位单片机已经完全取代了传统的 8 位、16 位单片机。

在分布控制、柔性制造、网络通信、信息家电等巨大市场需求的驱动下，单片机向着高速度、高精度、低功耗的方向发展。随着硬件实时性要求的提高，嵌入式系统的软件规模不断扩大，复杂程度也逐渐提高。这促使嵌入式软件开发工程师渴望摆脱繁重的底层软件开发，将更多的精力集中于业务层面的开发。在这种应用需求下，轻量级嵌入式实时操作系统开始出现。嵌入式软件开发工程师只需根据实际采用的硬件平台做少量的移植工作即可完成嵌入式系统资源的管理和任务调度，因此他们可将主要精力集中于任务层代码的实现上。目前，国内外知名度较高的嵌入式实时操作系统有：VxWorks、FreeRTOS、µC/OS、RT-Thread、Nucleus、Windows CE、ARM Linux、µCLinux 等。其中 FreeRTOS、µC/OS、RT-Thread、Nucleus 适合于在单片机上运行。本书主要介绍 RT-Thread。

嵌入式实时操作系统能够在既定时间内完成任务调度功能，对外部和内部事件在允许的时间内做出及时响应，并控制所有实时任务协调一致运行。通常，实时操作系统有硬实时和软实时之分，硬实时要求在规定的时间内必须完成既定的操作，否则有可能造成灾难性后果；软实时则要求按照任务的优先级，尽可能快地完成操作即可，它较为关注事件响应的正确性和用户体验的舒适度。嵌入式软件开发工程师在项目规划时需根据工程实际需求，在硬件配置、实时操作系统选择及项目成本之间进行一定的统筹和折中，结合应用层代码开发策略和技巧，使系统满足实时性要求。嵌入式实时操作系统采用微内核结构，只提供诸如资源管理、内存管理和任务调度等基本功能，而网络通信功能、文件系统、图形用户界面系统等应用组件均驻留于用户进程(任务)中，或以函数调用的方式工作。与通用操作系统相比，嵌入式实时操作系统在实时性、硬件依赖性、软件固化性以及应用专用性等方面具有更加鲜明的特点。

随着嵌入式系统应用的不断深入和产业化程度的不断提升，新的应用环境和产业化需求对嵌入式系统提出了更加严格的要求。在新需求的推动下，嵌入式系统内核不仅需要具有微型化、高实时性等基本特征，还将向高可信性、自适应性、构件组件化方向发展。其支撑开发环境将更加集成化、自动化、人性化。嵌入式系统对无线通信和能源管理的功能支持也日益重要。简而言之，嵌入式系统已经无处不在，它具有"嵌入性、专用性"的特点，其技术水平直接影响着社会生产。

1.2 嵌入式系统的开发流程

嵌入式系统开发涉及两部分内容：硬件与软件。在硬件平台设计完成后，主要工作集中于软件开发。嵌入式系统开发需要开发者具有较强的综合理论知识与实践能力，既掌握模拟/数字电路、计算机原理等硬件知识，又具备操作系统、编程语言、应用程序开发等软件实践能力。

由于单片机性能越来越强大，其应用场合越来越广泛，而且单片机更易入门，因此本书主要介绍基于单片机的嵌入式系统开发流程，如图 1-2 所示。该流程主要分为六步：系统需求分析、系统总体设计、硬件/软件协同设计、系统调试、现场测试、产品交付。

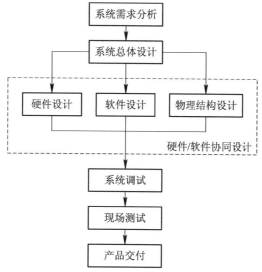

图 1-2　嵌入式系统开发流程

系统需求分析：根据客户需求确定设计任务与目标，制定设计说明书。这一步非常关键，开发者需要跟客户充分交流，从需求中提炼出系统设计目标。

系统总体设计：根据设计目标确定系统结构规划，包括硬件与软件功能划分、硬件选型、软件构思。应在满足设计需求的情况下进行硬件选型，尽量减少系统成本。软件设计要考虑可维护性。

硬件/软件协同设计：基于结构规划，对硬件进行电路设计、PCB 制板、调试，对软件进行编程。这一步是系统的具体实现过程，要考虑硬件与软件间的协同性，减少时间成本。

系统调试：把硬件、软件与控制对象集成在一起进行调试，发现问题并改进设计。这一步还有可能重新规划系统结构。在进行系统调试时，要考虑各种意外情况，提高硬件、软件的稳定性。

现场测试：对设计好的系统进行现场测试，检验效果。如果不满足客户需求，需要改进系统设计方案与实现方法。修改和测试的过程可能会反复多次。

产品交付：将满足客户需求的系统交付给客户。

第2章

STM32 单片机的体系结构及固件库

本章主要介绍 STM32F407 单片机的体系结构与固件库。STM32F407 单片机的体系结构主要包括内部模块、寄存器、地址空间、指令系统；STM32F407 单片机的固件库为 ST 官方提供的底层程序，方便单片机应用程序开发。在实际开发中，开发者也可以不调用固件库，自己直接编程读写单片机寄存器，以控制单片机工作。

2.1 STM32 单片机的体系结构

ARM 是全球领先的精简指令集 CPU 内核设计公司，其本身并不生产与销售芯片，而是出售 ARM 内核知识产权。其合作公司有苹果、华为、ST 公司(意法半导体)、德州仪器、恩智浦、高通、英特尔等。

ST 公司作为全球知名半导体制造商之一，是 ARM 公司 Cortex-M 内核最主要的合作方之一。ST 公司于 2007 年 6 月 20 日推出了 Cortex-M3 内核的 STM32 单片机芯片，该芯片得到了市场的认可，并在工业控制、信息采集等方面应用广泛。

Cortex-M 内核是一种高性能、低成本的 CPU 内核，功耗低、成本低、性能强，具有出色的中断管理能力。其包括 Cortex-M0、Cortex-M3、Cortex-M4 系列。

Cortex-M0 系列内核具有超低功耗(0.085 mW)，执行 Thumb 指令集，包括少量 Thumb2 32 位指令。STM32F0xx 系列单片机就使用了 Cortex-M0 系列内核。

Cortex-M3 系列内核执行 Thumb2 指令集，包括硬件除法、单周期乘法和位字段操作，中断控制器高度可配置，提供 240 个优先级可动态设置的中断。STM32F1xx 系列、STM32F2xx 系列、STM32F3xx 系列的单片机就使用了 Cortex-M3 系列内核。

Cortex-M4 系列内核在 Cortex-M3 系列内核的基础上强化了运算能力,增加了浮点数运算、DSP 指令、并行计算等功能,具有低功耗与较强信号处理能力两个优势。STM32F4xx 系列单片机就使用了 Cortex-M4 系列内核。

本书将要介绍的 STM32F407 单片机采用了 Cortex-M4 系列内核。相比于 STM32F1xx 系列单片机,STM32F4xx 系列单片机在以下几方面进行了改进:

(1) 增加了浮点数运算;

(2) 扩大了存储空间;

(3) 提高了主频和运算速度;

(4) 增加了外设;

(5) 增加了 DSP 指令。

STM32F4xx 系列单片机的 FLASH、RAM、引脚等资源配置如图 2-1 所示。

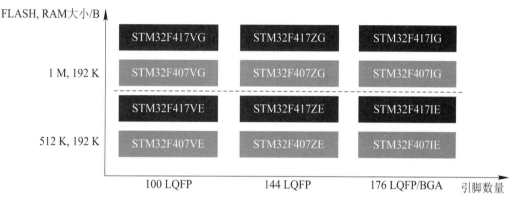

图 2-1　STM32F4xx 系列单片机的配置

2.1.1　STM32F407 单片机的内部功能结构

所谓单片机,是指在单个芯片上集成了基本功能单元,这些单元通过总线连接在一起,构成的一个小型计算机系统。单片机的基本功能单元一般包括 CPU 单元(如 Cortex-M4)、RAM、ROM、AHB、APB、UART、TIMER、中断控制器、实时时钟、USB 控制器等。单片机只要添加很少的必要电源与晶振电路,即可正常运行起来,从而为应用开发带来极大的便利。STM32F407 单片机内部的功能结构如图 2-2 所示。

STM32F407 单片机主系统有九条主控总线(见图 2-3):

(1) Corte-M4 内核的指令总线(I 总线、D 总线和 S 总线)。

(2) DMA1 存储器总线(DMA_MEM1 总线)。

(3) DMA1 外设总线(DMA_P1 总线)。

(4) DMA2 存储器总线(DMA_MEM2 总线)。

(5) DMA2 外设总线(DMA_P2 总线)。

(6) 以太网 DMA 总线(ETHERNET_M 总线)。

(7) USB OTG HS DMA 总线(USB_HS_M 总线)。

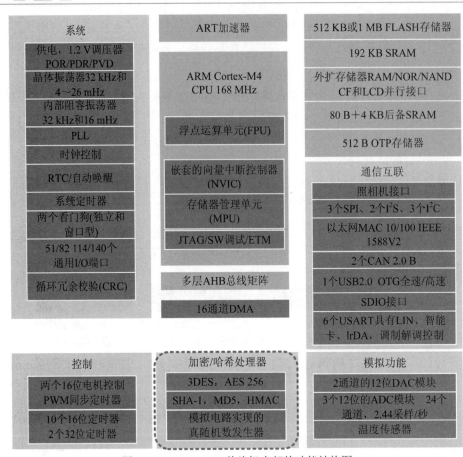

图 2-2　STM32F407 单片机内部的功能结构图

此外，STM32F407 单片机主系统还有七条被控总线：

(1) 内部 FLASH ICode 总线。

(2) 内部 FLASH DCode 总线。

(3) 主要内部 SRAM1 (112 KB)总线。

(4) 辅助内部 SRAM2 (16 KB)总线。

(5) AHB1 外设(包括 AHB-APB 总线桥和 APB 外设)总线。

(6) AHB2 外设总线。

(7) FSMC 总线。

STM32F407 单片机主系统由 32 位多层 AHB 总线矩阵构成，可实现以下部分的互连(见图 2-3)。总线矩阵用于主控总线之间的访问仲裁管理。Cortex-M4 内核的指令总线(I 总线、D 总线和 S 总线)连接到总线矩阵，内核通过此总线获取指令。Cortex-M4 内核通过总线矩阵与 RAM 连接，从而进行数据加载和调试访问。Cortex-M4 内核通过总线矩阵外设和 SRAM 连接，从而访问位于外设或 SRAM 中的数据。仲裁采用循环调度算法，借助两个 AHB-APB 总线桥 APB1 和 APB2，可在 AHB 总线与两个 APB 总线之间实现完全同步，从而可以灵活选择外设频率。

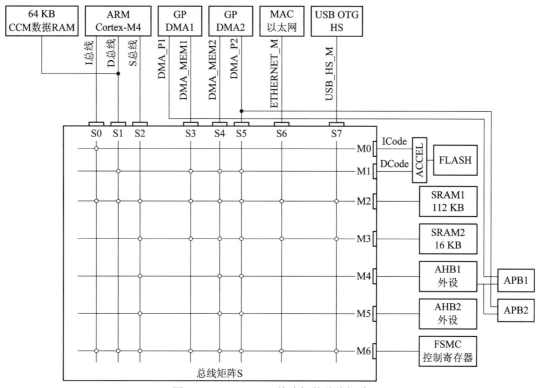

图 2-3　STM32F407 单片机的总线矩阵

2.1.2　STM32F407 单片机的地址空间划分

STM32F407 单片机的程序存储器、数据存储器、寄存器和 I/O 端口分布在同一个 4 GB 地址空间内。该空间分为 8 个主要块(Block)，每个块为 512 MB。地址空间划分见图 2-4 所示。详细地址空间划分见表 2-1(其重要性会在后面章节中介绍)。

512 MB Block 0 代码	512 MB Block 1 SRAM	512 MB Block 2 外设	512 MB Block 3 FSMC bank1 & bank2
0x0000 0000　0x1FFF FFFF	0x2000 0000　0x3FFF FFFF	0x4000 0000　0x5FFF FFFF	0x6000 0000　0x7FFF FFFF

512 MB Block 4 FSMC bank3 & bank4	512 MB Block 5 FSMC控制寄存器	512 MB Block 6 保留	512 MB Block 7 Cortex-M4内部外设
0x8000 0000　0x9FFF FFFF	0xA000 0000　0xBFFF FFFF	0xC000 0000　0xDFFF FFFF	0xE000 0000　0xFFFF FFFF

图 2-4　STM32F407 单片机的地址空间划分

表 2-1　STM32F407 单片机寄存器地址区间

总　　线	地　址　区　间	外　　设
Cortex-M4	0xE00F FFFF～0xFFFF FFFF	保留
	0xE000 0000～0xE00F FFFF	Cortex-M4 内核
	0xA000 1000～0xDFFF FFFF	保留

续表一

总　线	地　址　区　间	外　设
AHB3	0xA000 0000～0xA000 0FFF	FSMC 控制寄存器
	0x9000 0000～0x9FFF FFFF	FSMC bank4
	0x8000 0000～0x8FFF FFFF	FSMC bank3
	0x7000 0000～0x7FFF FFFF	FSMC bank2
	0x6000 0000～0x6FFF FFFF	FSMC bank1
AHB2	0x5006 0C00- 0x5FFF FFFF	保留
	0x5006 0800～0x5006 0BFF	RNG
	0x5005 0400～0x5006 07FF	保留
	0x5005 0000～0x5005 03FF	DCMI
	0x5004 0000- 0x5004 FFFF	保留
	0x5000 0000～0x5003 FFFF	USB OTG FS
AHB1	0x4008 0000- 0x4FFF FFFF	保留
	0x4004 0000～0x4007 FFFF	USB OTG HS
	0x4002 9400～0x4003 FFFF	保留
	0x4002 9000～0x4002 93FF	以太网 MAC
	0x4002 8C00～0x4002 8FFF	
	0x4002 8800～0x4002 8BFF	
	0x4002 8400～0x4002 87FF	
	0x4002 8000～0x4002 83FF	
	0x4002 6800～0x4002 7FFF	保留
	0x4002 6400～0x4002 67FF	DMA2
	0x4002 6000～0x4002 63FF	DMA1
	0x4002 5000～0x4002 5FFF	保留
	0x4002 4000～0x4002 4FFF	BKPSRAM
	0x4002 3C00～0x4002 3FFF	FLASH 接口寄存器
	0x4002 3800～0x4002 3BFF	RCC
	0x4002 3400～0x4002 37FF	保留
	0x4002 3000～0x4002 33FF	CRC

续表二

总　线	地　址　区　间	外　设
AHB1	0x4002 2400～0x4002 2FFF	保留
	0x4002 2000～0x4002 23FF	GPIOI
	0x4002 1C00～0x4002 1FFF	GPIOH
	0x4002 1800～0x4002 1BFF	GPIOG
	0x4002 1400～0x4002 17FF	GPIOF
	0x4002 1000～0x4002 13FF	GPIOE
	0x4002 0C00～0x4002 0FFF	GPIOD
	0x4002 0800～0x4002 0BFF	GPIOC
	0x4002 0400～0x4002 07FF	GPIOB
	0x4002 0000～0x4002 03FF	GPIOA
	0x4001 5800～0x4001 FFFF	保留
APB2	0x4001 4C00～0x4001 57FF	保留
	0x4001 4800～0x4001 4BFF	TIM11
	0x4001 4400～0x4001 47FF	TIM10
	0x4001 4000～0x4001 43FF	TIM9
	0x4001 3C00～0x4001 3FFF	EXTI
	0x4001 3800～0x4001 3BFF	SYSCFG
	0x4001 3400～0x4001 37FF	保留
	0x4001 3000～0x4001 33FF	SPI1
	0x4001 2C00～0x4001 2FFF	SDIO
	0x4001 2400～0x4001 2BFF	保留
	0x4001 2000～0x4001 23FF	ADC1-ADC2-ADC3
	0x4001 1800_0x4001 1FFF	保留
	0x4001 1400_0x4001 17FF	USART6
	0x4001 1000_0x4001 13FF	USART1
	0x4001 0800_0x4001 0FFF	保留
	0x4001 0400_0x4001 07FF	TIM8
	0x4001 0000_0x4001 03FF	TIM1

续表三

总　线	地　址　区　间	外　　设
APB2	0x4000 7800_0x4000 FFFF	保留
	0x4000 7800～0x4000 7FFF	保留
	0x4000 7400～0x4000 77FF	DAC
	0x4000 7000～0x4000 73FF	PWR
	0x4000 6C00～0x4000 6FFF	保留
	0x4000 6800～0x4000 6BFF	CAN2
	0x4000 6400～0x4000 67FF	CAN1
	0x4000 6000～0x4000 63FF	保留
	0x4000 5C00～0x4000 5FFF	I^2C3
	0x4000 5800～0x4000 5BFF	I^2C2
	0x4000 5400～0x4000 57FF	I^2C1
	0x4000 5000～0x4000 53FF	UART5
	0x4000 4C00～0x4000 4FFF	UART4
	0x4000 4800～0x4000 4BFF	USART3
	0x4000 4400～0x4000 47FF	USART2
	0x4000 4000～0x4000 43FF	I2S3ext
	0x4000 3C00～0x4000 3FFF	SPI3 / I2S3
	0x4000 3800～0x4000 3BFF	SPI2 / I2S2
	0x4000 3400～0x4000 37FF	I2S3ext
	0x4000 3000～0x4000 33FF	IWDG
	0x4000 2C00～0x4000 2FFF	WWDG
	0x4000 2800～0x4000 2BFF	RTC & BKP 寄存器
	0x4000 2400～0x4000 27FF	保留
	0x4000 2000～0x4000 23FF	TIM14
	0x4000 1C00～0x4000 1FFF	TIM13
	0x4000 1800～0x4000 1BFF	TIM12
	0x4000 1400～0x4000 17FF	TIM7
	0x4000 1000～0x4000 13FF	TIM6
	0x4000 0C00～0x4000 0FFF	TIM5

续表四

总　线	地　址　区　间	外　设
APB2	0x4000 0800～0x4000 0BFF	TIM4
	0x4000 0400～0x4000 07FF	TIM3
	0x4000 0000～0x4000 03FF	TIM2

2.1.3　STM32F407 编程模型

1. 工作模式

STM32F407(Cortex-M4)有两种工作模式：处理模式、线程模式。处理模式，用于执行中断服务程序(ISR)等异常处理。在处理模式下，处理器总是具有特权访问等级。线程模式，用于执行普通应用程序代码。在线程模式下，处理器可以处于特权访问等级，也可以处于非特权访问等级，且由特殊寄存器 CONTROL 控制。STM32F407 单片机在启动后默认处于特权访问等级的线程模式。两种工作模式切换关系如图 2-5 所示。

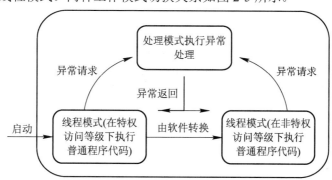

图 2-5　STM32F407(Cortex-M4)的两种工作模式

2. 寄存器

STM32F407 单片机的寄存器组(见图 2-6)中有 16 个寄存器，其中 13 个为 32 位通用寄存器，其他 3 个为特殊用途寄存器。单片机需要把数据从存储器加载到寄存器中进行处理，处理完成后，再将数据写回存储器中。

除了通用寄存器，单片机还有一些特殊寄存器：xPSR(APSR、EPSR、IPSR)、PRIMASK、FAULTMASK、BASEPRI、CONTROL。

xPSR 保存 CPU 执行状态。PRIMASK、FAULTMASK 和 BASEPRI 寄存器都用于异常或中断屏蔽，每个异常或中断都具有一个优先级，数值小的优先级高，数值大的优先级低。这些寄存器可以基于优先级屏蔽异常，只在特权访问等级下才可以对它们进行操作，在非特权访问等级下，写操作会被忽略，读操作会返回 0。复位后，CONTROL 寄存器默认为 0，这意味着处理器此时处于线程模式。通过写 CONTROL 寄存器，在特权访问等级下的线程模式的程序可以切换栈指针的选择或进入非特权访问等级，不过 nPRIV 置位后，运行在线程模式的程序就不能访问 CONTROL 寄存器了。这些特殊寄存器的位定义可以参考 STM32F407/ Cortex-M4 数据手册(ST 官方网站 www.st.com.cn)。

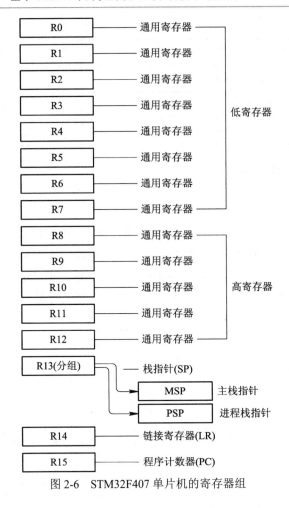

图 2-6　STM32F407 单片机的寄存器组

2.2　STM32F407 单片机的固件库

STM32F407 单片机的固件库就是函数的集合，这些函数的作用是向下负责与单片机寄存器(硬件)交互，向上提供应用程序的调用接口。由于 STM32 单片机有数百个寄存器，开发者难以直接记住每一位的定义。因此，ST 公司推出了官方固件库，将这些寄存器底层操作封装起来，提供一整套接口供开发者调用(当然开发者也可以根据单片机数据手册直接对寄存器操作，而不调用固件库)。熟悉固件库后，可以简化应用程序的编写，提高开发效率。使用时，需要把固件库添加到工程中，详细步骤会在后面的 Keil MDK 一节介绍。

为了让不同的芯片公司生产的 Cortex-M4 芯片能在软件上基本兼容，ARM 公司和芯片生产商(ST/TI)共同提出了一套 CMSIS(Cortex Microcontroller Software Interface Standard)标准，如图 2-7 所示。ST 公司的官方固件库就是根据这套标准而设计的。CMSIS 分为 3 个基本功能层：

(1) 内核外设访问层：定义处理器内部寄存器地址以及功能函数，由 ARM 公司提供访问。

(2) 中间件访问层：定义访问中间件的通用 API，由 ARM 公司提供，芯片厂商根据需要更新。

(3) 器件级外设访问层：定义硬件寄存器的地址以及外设的访问函数。

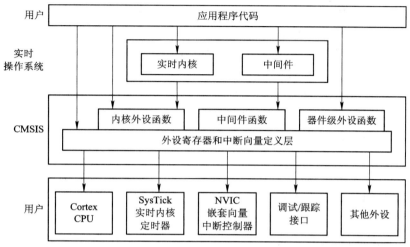

图 2-7　CMSIS 标准

在使用 STM32 芯片的时候首先要进行系统初始化，由于 CMSIS 标准规定系统初始化函数名必须为 SystemInit，所以各个芯片公司写自己的库函数的时候必须用 SystemInit 函数对系统进行初始化。CMSIS 还对各个外设驱动文件的文件名以及函数名等一系列进行了规定。ST 公司的固件库目录结构如图 2-8 所示。

图 2-8　STM32F407 单片机固件库目录结构

固件库与应用程序之间的函数调用关系如图 2-9 所示。图中相关文件说明如下：

(1) core_m4.h：ARM 公司提供的 CMSIS 核心文件，提供进入 Cortex-M4 内核的接口，适用所有 Cortex-M4 单片机芯片；

(2) system_stm32f4xx.h：片上外设头文件，主要用来声明设置系统/总线时钟相关的函数。源文件对应为 system_stm32f4xx.c。

(3) stm32f4xx.h：STM32F4xx 单片机外设访问头文件，用于寄存器定义声明及内存操作。

(4) stm32f4xx_it.c、stm32f4xx_it.h：用来编写中断服务函数。

(5) stm32f4xx_conf.h：外设配置文件。

(6) misc.c、misc.h：用来编写其他相关函数。

(7) stm32f4xx_rcc.c、stm32f4xx_rcc.h：用来编写与 RCC 相关的操作函数，配置与使能时钟。

(8) stm32f4xx_ppp.c、stm32f4xx_ppp.h：外设固件库对应的源文件和头文件，包括一些常用外设 GPIO、ADC、USART 等。

(9) application.c：应用层代码。

(10) startup_xxxx.s：启动文件主要用来进行堆栈的初始化，定义中断向量表以及中断函数，引导进入 main 函数。

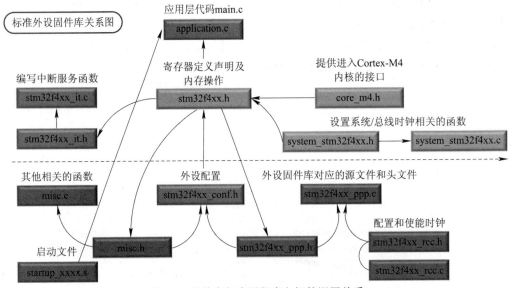

图 2-9　固件库与应用程序之间的调用关系

2.3　教学硬件平台

自制 STM32 开发板核心芯片采用 ST 公司的 STM32F407(型号为 STM32F407VET6，LQFP 封装)，该芯片内核为 ARM Cortex-M4，内部集成 FPU 和 DSP，并且具有 192 KB

SRAM、512 KB FLASH、12 个 16 位定时器、2 个 32 位定时器、2 个 DMA 控制器，3 个
SPI 接口、3 个 I^2C 接口、6 个串口、2 个 CAN 接口、3 个 12 位 ADC、2 个 12 位 DAC、1
个 RTC(带日历功能)以及 82 个通用 I/O 口等。STM32F4xx 系列芯片配置如表 2-2 所示。总
而言之，硬件系统的核心部件是芯片。特别是 CPU 芯片，它对于工业、军事及民用等领域
非常重要，没有 CPU 芯片就无从谈起科学计算、通信、建模仿真等。美国制裁华为事件告
诉我们，必须发展"芯片"这个计算机与信息技术的基石。这就需要我们树立技术创新理
念，勇担科技发展的重担。目前我们国家已有龙芯等 CPU 产品，芯片制造工艺技术也取得
了长足进步，芯片技术发展势头良好。

表 2-2 STM32F4xx 系列芯片资源对比

型 号	FLASH /KB	ROM/ KB	封装方式	A/D	RTC/WGD	TIMER	D/A	I/O
STM32F407IE	512	192	UFBGA176 LQFP176	124×16 bit/ 24×32 bit	2×WDG，RTC，24 bit 减计数器	24×12 bit	24×12 bit	140
STM32F417IE	512	192	UFBGA176 LQFP176	124×16 bit/ 24×32 bit		24×12 bit	24×12 bit	140
STM32F407VE	512	192	LQFP100	12×16 bit/ 2×32 bit		16×12 bit	2×12 bit	82
STM32F417VE	512	192	LQFP100	12×16 bit/ 2×32 bit		16×12 bit	2×12 bit	82
STM32F407ZE	512	192	LQFP144	12×16 bit/ 2×32 bit		24×12 bit	2×12 bit	114
STM32F417ZE	512	192	LQFP144	12×16 bit/ 2×32 bit		24×12 bit	2×12 bit	114
STM32F407IG	1024	192	UFBGA176 LQFP176	12×16 bit/ 2×32 bit		24×12 bit	2×12 bit	140
STM32F417IG	1024	192	UFBGA176 LQFP176	12×16 bit/ 2×32 bit		24×12 bit	2×12 bit	140
STM32F407VG	1024	192	LQFP100	12×16 bit/ 2×32 bit		16×12 bit	2×12 bit	82

开发板配有 DAP 下载调试器，仅需一根 TYPE-C 接口就能完成供电、下载、调试、串
口通信。该开发板含有基础学习的资源，比如 6 个独立按键、4 位数码管、8 个 LED、蜂
鸣器、电容触摸按键、SPI FLASH W25Q128、麦克风、3.5 mm 音频输出接口、ADC 和 DAC
外扩接口、CAN 通信模块接口、ESP8266 模块接口、外扩 I^2C 接口、DS18B20/DHT11 单
总线接口、HC-05 蓝牙模块接口、SD 卡接口、RMII 以太网接口、USB Host 和 USB Device
接口等。此外，该开发板配置了 15×2 个 I/O 扩展接口，扩展接口涵盖了单片机的 USART、
SPI、I^2C、ADC、DAC、定时器等外设引脚，方便进行其他的扩展实验。硬件开发板实物如图

2-10 所示，接口与外设说明见表 2-3。本硬件平台所涉及的 PCB 原理图、PCB 版图、案例程序均可下载(www.xduph.com)，这十分有利于教师授课或者学生自学。

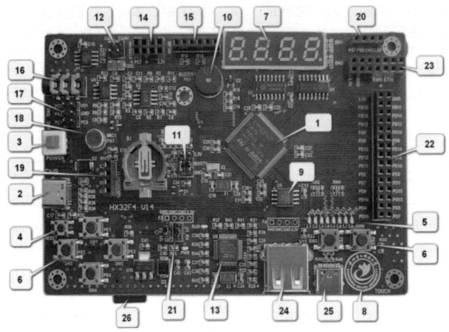

图 2-10   STM32F407 开发板实物图

表 2-3   硬件平台接口及外设说明

指示号	接口/外设	指示号	接口/外设
1	STM32F407VET6	14	ESP8266 模块接口
2	TYPC-C 电源接口	15	HC-05 蓝牙模块接口
3	电源开关	16	3.5 mm 音频输出接口
4	复位按键	17	ADC 和 DAC 外扩接口
5	8 个 LED	18	麦克风
6	6 个独立按键	19	DS18B20/DHT11 单总线接口
7	4 位数码管	20	外扩 I²C 接口
8	电容触摸按键	21	USART 接口
9	SPI FLASH W25Q128	22	15×2 I/O 扩展接口
10	蜂鸣器	23	RMII 以太网接口
11	BOOT 启动模式选择	24	USB Host 接口
12	CAN 通信模块接口	25	USB Device 接口
13	DAP 下载调试器	26	SD 卡接口

1. 开发板供电

自制开发板通过 TYPE-C 电源(USB_5 V)接口供电,电源开关按下接通电源,再按下断开电源。开发板的仿真供电电路如图 2-11 所示。输入电压 5 V 通过低压差稳压器(Low-Dropout Regulator,LDO)产生 3.3 V 电源,以满足 STM32 和各模块的供电需要。

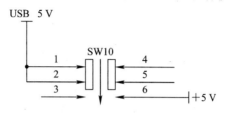

图 2-11 供电电路

2. 复位按键

开发板的仿真复位电路如图 2-12 所示,按下复位按键即可复位 STM32 芯片,此外当开发板上电时,也会进行硬件复位。

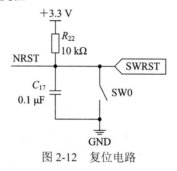

图 2-12 复位电路

3. LED 控制电路

开发板板载了 8 个 LED 灯(L1~L8),可供开发者编程使用,例如进行流水灯实验。LED 的仿真电路如图 2-13 所示,对应的 STM32F407 单片机引脚分配如表 2-4 所示。

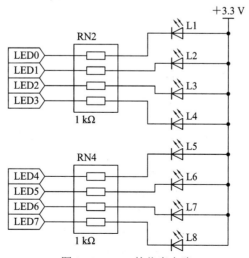

图 2-13 LED 的仿真电路

表 2-4　LED 灯与单片机间的引脚分配

信号名称	STM32F407 引脚	信号名称	STM32F407 引脚
LED1	PE8	LED5	PE12
LED2	PE9	LED6	PE13
LED3	PE10	LED7	PE14
LED4	PE11	LED8	PE15

4. 独立按键

开发板板载了 6 个独立按键，即 SW1～SW6。SW1～SW4 按键按下为低电平"0"。松开为高电平"1"。SW5、SW6 按键按下为高电平"1"。松开为低电平"0"。6 个独立按键的仿真电路如图 2-14 所示，对应的单片机引脚分配如表 2-5 所示。

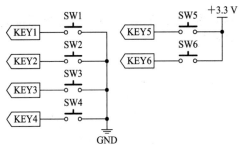

图 2-14　独立按键的仿真电路

表 2-5　引脚分配表

信号名称	STM32F407 引脚	信号名称	STM32F407 引脚
SW1	PE1	SW4	PE4
SW2	PE2	SW5	PE5
SW3	PE3	SW6	PE6

5. 数码管

数码管是很常见的一种显示设备，可采用共阴极或共阳极两种连接方式，一般分为七段数码管或者八段数码管，两者区别就在于八段数码管比七段数码管多了一个"点"，用于显示数字中的小数点。本节所述开发板采用的数码管为 4 位的八段数码管，采用共阴极连接方式。当某一字段对应的引脚为高电平时，相应字段就点亮，当某一字段对应的引脚为低电平时，相应字段就不亮。数码管有段码和位码之分，所谓段码就是让数码管显示出"8."的八位数据。要让 4 个数码管同时工作，显示数据，就要不停地循环扫描每一个数码管，并在使能每一个数码管的同时，输入所需显示的数据对应的 8 位段码。虽然 4 个数码管是依次显示的，但是受视觉分辨率的影响，可以认为 4 个数码管同时工作。多个数码管动态扫描显示，是将所有数码管的相同段并联在一起，通过选通信号分时控制各个数码管的公共端，循环点亮多个数码管，并利用人眼的视觉暂留现象，只要扫描的频率大于 50 Hz，将看不到闪烁现象。数码管仿真电路图如图 2-15 所示，对应的 STM32F407 单片机引脚分配见表 2-6。

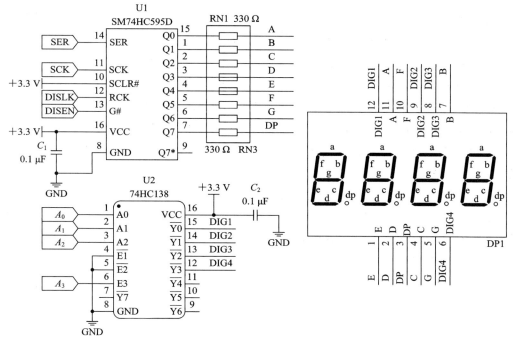

图 2-15　数码管仿真电路图

表 2-6　数码管引脚分配表

信号名称	STM32F407 引脚	信号名称	STM32F407 引脚
SER	PC8	A_0	PA15
SCK	PA11	A_1	PC10
DISLK	PA8	A_2	PC11
DISEN	PC9	A_3	PA12

6. 电容触摸按键

触摸按键相对于传统的机械按键有寿命长、占用空间少、易于操作等诸多优点。目前，触摸屏、触摸按键使用广泛，而传统的机械按键正在逐步从手机应用中消失。电容触摸按键的工作实现原理如图 2-16 所示。

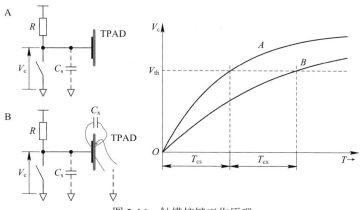

图 2-16　触摸按键工作原理

这里我们通过检测电容充放电时间来判断是否有触摸按键的操作，图中 R 是外接的电容充电电阻，C_s 是没有触摸按下时 TPAD 与 PCB 之间的杂散电容，而 C_x 则是有触摸时手指与 TPAD 之间形成的电容。图中的开关是电容放电开关 (实际使用时，由 STM32F4xx 的 I/O 代替)。先用开关将 C_s(或 $C_s + C_x$)上的电放尽，然后断开开关，让 R 给 C_s(或 $C_s + C_x$)充电，当没有手指触摸的时候，C_s 的充电曲线如图 2-16 中的 A 曲线。而当有手指触摸的时候，手指和 TPAD 之间引入了新的电容 C_x，此时 $C_s + C_x$ 的充电曲线如图 2-16 中的 B 曲线。由图可以看出，A、B 两种情况下，V_c 达到 V_{th} 的时间分别为 T_{cs} 和 $T_{cs} + T_{cx}$。其中，C_s 和 C_x 需要计算，其他都是已知的。根据电容充放电公式 $V_c = V_0(1 - e^{-t/RC})$ (其中 V_c 为电容电压，V_0 为充电电压，R 为充电电阻，C 为电容值，e 为自然底数，t 为充电时间)可以计算出 C_s 和 C_x。充电时间在 T_{cs} 附近，可以认为没有触摸按键的操作，而当充电时间大于 $T_{cs} + T_{cx}$ 时，认为有触摸按键的操作(C_{cx} 为检测阈值)。电容触摸按键仿真电路如图 2-17 所示，对应的 STM32F407 单片机引脚分配如表 2-7 所示。

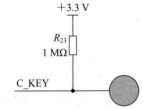

图 2-17　电容触摸按键仿真电路

表 2-7　触摸按键引脚分配

信号名称	STM32F407 引脚
C_KEY	PB0

7. SPI FLASH W25Q128 存储模块

开发板上使用 W25Q128 作为外部 FLASH(支持 SPI 总线)，其芯片容量为 128Mb，约为 15.3MB。W25Q128 仿真电路如图 2-18 所示，对应的 STM32F407 单片机引脚分配如表 2-8 所示。这里注意要熟悉 SPI 总线的读写时序。SPI 为主从结构，需要同步时钟信号。

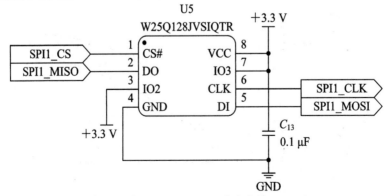

图 2-18　W25Q128 仿真电路

表 2-8　W25Q128 引脚分配图

信号名称	STM32F407 引脚
SPI_CS	PC4
SPI_MOSI	PA7
SPI_MISO	PA6
SPI_CLK	PA5

8. 蜂鸣器

开发板上使用无源蜂鸣器，其仿真电路如图 2-19 所示，对应的 STM32F407 单片机引脚分配如表 2-9 所示。

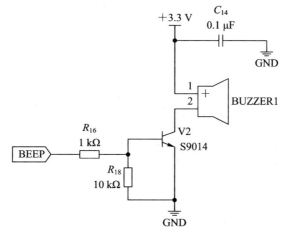

图 2-19　蜂鸣器仿真电路图

表 2-9　蜂鸣器引脚分配图

信号名称	STM32F407 引脚
BEEP	PB4

9. BOOT 启动模式选择

开发板的启动模式设置电路如图 2-20 所示。BOOT0 和 BOOT1 用于设置 STM32 的启动方式，对应启动模式如图表 2-10 所示。

表 2-10 单片机启动模式

BOOT0	BOOT1	启动模式	说　明
0	x	用户闪存存储器启动	用户闪存存储器，也就是 FLASH 启动
1	0	系统存储器启动	系统存储器启动，用户串口下载
1	1	SRAM 启动	SRAM 启动，用于 SRAM 中调试代码

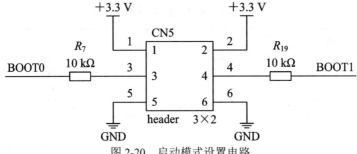

图 2-20 启动模式设置电路

10. CAN 通信模块

开发板支持 CAN 接口。CAN 总线电平不能直接连接到 STM32F407，需要进行电平转换。这里使用 TI 公司的 SN65HVD230 芯片进行 CAN 电平转换。终端匹配电阻为 120 Ω，可以通过跳线帽来选择是否需要电阻匹配。CAN 接口电路如图 2-21 所示，STM32F407 单片机引脚分配如表 2-11 所示。CAN 是一种安全的串行总线，每个节点都可以发起通信，具有良好的总线仲裁技术，问题节点会自动剥离总线。CAN 总线具有自己特殊帧结构，如标准数据帧、扩展数据帧、错误帧等。

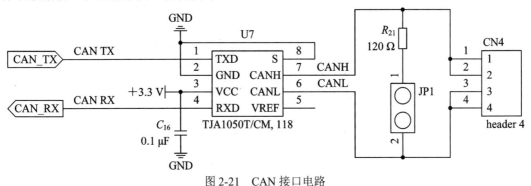

图 2-21 CAN 接口电路

表 2-11 CAN 接口引脚分配

信号名称	STM32F407 引脚
CAN_TX	PB8
CAN_RX	PB9

11. 下载电路

开发板使用 STM32F103R8T6 芯片作为 CMSIS-DAP 调试器，支持 ARM Cortex 内核控制器，兼容性好，支持 XP/WIN7/WIN8/WIN10 操作系统，下载速度快、稳定、不丢固件，支持在线调试和硬件仿真，无须安装驱动，即插即用。另外，主芯片 STM32F407 串口 1(PA9 和 PA10)连接到 STM32F103 串口 2(PA2 和 PA3)，可以将 STM32F407 的串口输出通过 STM32F103 输出到上位机上打印显示。程序下载仿真电路如图 2-22 所示，对应的 STM32F407 单片机引脚分配如表 2-12 所示。

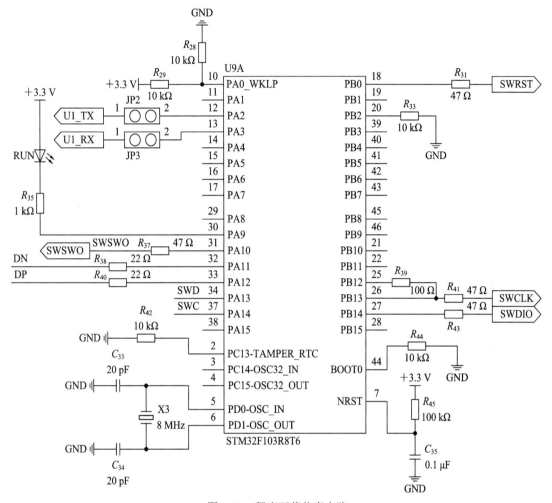

图 2-22　程序下载仿真电路

表 2-12　下载电路引脚分配

信号名称	STM32F407 引脚
SWRST	NRST
SWDIO	PA13
SWCLK	PA14
SWSWO	PB3

12. ESP8266 模块接口

STM32F407 开发板配置了 ESP8266-01 接口，通过串口与主芯片通信，方便进行 WiFi 通信实验。ESP8266-01 接口仿真电路如图 2-23 所示，对应的 STM32F407 单片机引脚分配如表 2-13 所示。

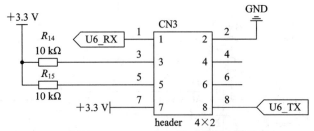

图 2-23 ESP8266-01 接口仿真电路

表 2-13 ESP8266-01 接口引脚分配

信号名称	STM32F407 引脚
U6_RX	PC7
U6_TX	PC6

13. HC-05 蓝牙模块接口

STM32F407 开发板支持 HC-05 蓝牙模块接口，通过串口与主芯片通信，HC-05 蓝牙模块是高性能主从一体蓝牙串口模块，支持 4800～1382400 波特率，可以与各种具有蓝牙功能的电脑、手机、PAD 等智能终端设备配对。HC-05 蓝牙模块接口仿真电路如图 2-24 所示，对应的 STM32F407 单片机引脚分配如表 2-14 所示。

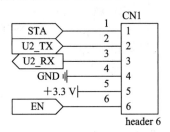

图 2-24 HC-05 蓝牙模块接口仿真电路

表 2-14 HC-05 蓝牙模块接口引脚分配

信号名称	STM32F407 引脚
U2_RX	PA3
U2_TX	PA2
STA	PD3
EN	PD2

14. 3.5 mm 音频输出接口

STM32F407 开发板通过 3W 音频功放 IC TC8002D 将单片机 DAC 引脚信号进行音频放大，并输出到 3.5 mm 音频输出接口。音频功放仿真电路如图 2-25 所示，对应的 STM32F407 单片机引脚分配如表 2-15 所示。

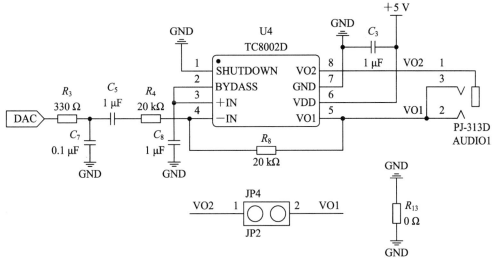

图 2-25　音频功放仿真电路

表 2-15　音频功放电路引脚分配

信号名称	STM32F407 引脚
DAC	PA4

15. ADC 和 DAC 外扩接口

STM32F407 开发板板载了两路 ADC 输入外扩 I/O 接口和 1 路 DAC 输出外扩 I/O 接口。ADC 输入外扩仿真电路如图 2-26 所示，对应的 STM32F407 单片机引脚分配如表 2-16 所示。

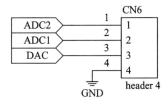

图 2-26　ADC 输入外扩电路

表 2-16　ADC 输入外扩引脚分配

信号名称	STM32F407 引脚
ADC1	PC0
ADC2	PC1
DAC	PA5

16. 麦克风音频输入

STM32F407 开发板支持麦克风进行音频信号的采集，通过三极管和 LM358 对微小交流信号进行放大，最后由 MCU 的 ADC 进行电压采集。音频信号采集仿真电路如图 2-27 所示，对应的 STM32F407 单片机引脚分配如表 2-17 所示。

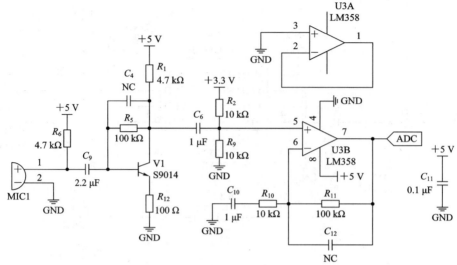

图 2-27　音频信号采集仿真电路

表 2-17　音频信号采集电路引脚分配

信号名称	STM32F407 引脚
ADC	PA1

17. USART 调试接口

STM32F407 开发板支持 USART 串口调试,通过跳线帽可以将串口数据输出到 TYPE-C 接口,从 PC 端串口调试助手中可查看串口发送、接收的数据。开发板上电后,在 PC 端可识别一个 USB 串口(WIN7 系统可能需要安装驱动)。串口设置:波特率为 115200、1 位停止位、无奇偶校验。如果将跳线帽去掉,USART 调试接口可以外接其他串口设备进行通信。USART 调试接口电路如图 2-28 所示,对应的 STM32F407 单片机引脚分配如表 2-18 所示。

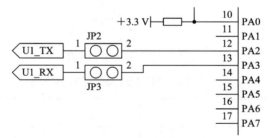

图 2-28　USART 调试接口电路

表 2-18　USART 调试接口引脚分配

信号名称	STM32F407 引脚
U1_TX	PA10
U1_RX	PA9

18. RMII 以太网卡接口

STM32F407 开发板支持 RMII 以太网卡接口,可以方便插入 RMII 以太网卡进行有线网络通信实验。RMII 以太网卡接口电路如图 2-29 所示，对应的 STM32F407 单片机引脚分配如表 2-19 所示。

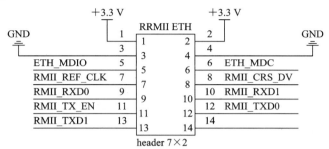

图 2-29　RMII 以太网卡接口电路

表 2-19　RMII 以太网卡接口引脚分配

接口编号	STM32F407 引脚	功　　能
1、2	3.3 V	3.3V 供电
3、4	GND	接地
5	PA2	ETH_MDIO
6	PC1	ETH_MDC
7	PA1	RMII_REF_CLK
8	PA7	RMII_CRS_DV
9	PC4	RMII_RXD0
10	PC5	RMII_RXD1
11	PB11	RMII_TX_EN
12	PB12	RMII_TXD0
13	PB13	RMII_TXD1
14		置空

19. I/O 扩展接口

STM32F407 开发板支持 15×2 扩展接口，可以方便进行扩展实验，提供 FSMC 总线、SPI2、I^{2}C2、USART3、定时器通道×12、PWM 互补输出以及 TIM_ETR 等常用端口，并且提供 3.3 V 电源供电。I/O 扩展接口如图 2-30 所示，对应的 STM32F407 单片机引脚分配如表 2-20 所示。

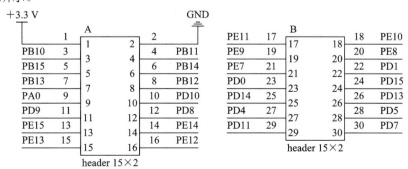

图 2-30　I/O 扩展接口

表 2-20 I/O 扩展接口引脚分配

接口编号	STM32F407 引脚	功　能
1	3.3V	3.3 V 供电
2	GND	接地
3	PB10	TIM2_CH3\I^{2}C2_SCL\USART3_TX
4	PB11	TIM2_CH4\I^{2}C2_SDA\USART3_RX
5	PB15	SPI2_MOSI\TIM12_CH2
6	PB14	SPI2_MISO\TIM12_CH1
7	PB13	SPI2_SCK\CAN2_TX
8	PB12	CAN2_RX
9	PA0	SYS_WKUP\TIM2_CH1\TIM2_ETR\TIM8_ETR
10	PD10	FSMC_D15
11	PD9	FSMC_D14\ USART3_RX
12	PD8	FSMC_D13\ USART3_TX
13	PE15	FSMC_D12
14	PE14	FSMC_D11\TIM1_CH4
15	PE13	FSMC_D10\TIM1_CH3
16	PE12	FSMC_D9\TIM1_CH3N
17	PE11	FSMC_D8\TIM1_CH2
18	PE10	FSMC_D7\TIM1_CH2N
19	PE9	FSMC_D6\TIM1_CH1
20	PE8	FSMC_D5\TIM1_CH1N
21	PE7	FSMC_D4\CAN1_TX
22	PD1	FSMC_D3\CANA_RX
23	PD0	FSMC_D2\TIM1_CH3
24	PD15	FSMC_D1\TIM4_CH4
25	PD14	FSMC_D0\TIM4_CH3
26	PD13	TIM4_CH2
27	PD4	FSMC_NOE
28	PD5	FSMC_NWE
29	PD11	FSMC_A16
30	PD7	FSMC_NE1

20. USB Host 接口

STM32F407 开发板支持 USB Host 接口，可以插入 U 盘或其他 USB 设备进行通信实验。USB Host 接口电路如图 2-31 所示，对应的 STM32F407 单片机引脚分配如表 2-21 所示。

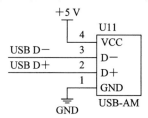

图 2-31　USB Host 接口电路

表 2-21　USB Host 接口引脚分配

接口编号	STM32F407 引脚	功　　能
1	GND	接地
2	PA12	USB D +
3	PA11	USB D -
4	VCC	5 V 供电

21. USB Device 接口

STM32F407 开发板支持 USB Device 接口，可以连接 PC 或其他 USB 设备进行通信实验。USB Device 接口电路如图 2-32 所示。

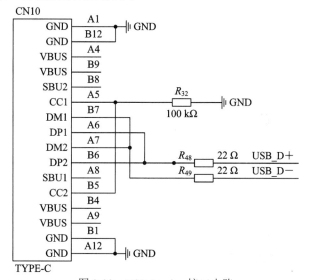

图 2-32　USB Device 接口电路

22. SD(TF)卡接口

STM32F407 开发板支持 SD 卡接口，可以插入 SD 卡进行数据存储实验。SD 卡接口电路如图 2-33 所示，对应的 STM32F407 单片机引脚分配如表 2-22 所示。

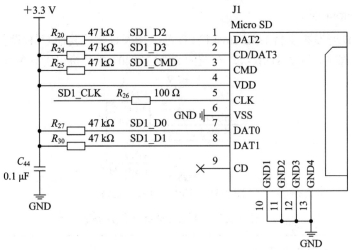

图 2-33　SD(TF)卡接口

表 2-22　SD(TF)卡接口引脚分配

接口编号	STM32F407 引脚	功　　能
1	PC10	DAT2
2	PC11	CD/DAT3
3	PD2	CMD
4	VDD	3.3V
5	PC12	CLK
6	VSS	接地
7	PC8	DAT0
8	PC9	DAT1
9	—	CD
10、11、12、13	GND	接地

第 3 章

STM32 单片机开发环境配置

嵌入式系统开发软件根据功能可以分为编译(包括编译、汇编和链接等功能)软件、调试软件、中间件软件、板级支持包软件和仿真软件、下载软件等。对大多数应用开发人员而言,使用一套具有代码编辑、程序编译、调试下载和工程管理等功能的集成开发环境(IDE)能够有效提高开发效率。

3.1 STM32 单片机开发环境

用于 STM32 开发的集成开发环境较多,其中最为典型的有 STM32CubeIDE、Keil MDK 和 IAR EWARM 三个。STM32CubeIDE 是 ST 公司推出的免费开发环境,不过仅支持 ST 公司自家的单片机开发,第三方调试下载器支持性不是很好。后两个开发环境用户众多,简单易用,但它们是商用软件,免费或评估版软件要么有器件型号限制,要么有程序容量限制。不过 Keil MDK 从 2022 年 3 月开始提供社区版 license,该版本没有程序容量限制,可供电子爱好者、学生等群体非商业免费评估和使用。

在集成开发环境之外,对于 STM32 的板级支持包或器件库,ST 公司主推用 HAL+STM32CubeMX 组合替代基础的寄存器操作或者使用标准外设库的开发方式。基于 STM32CubeMX 软件的可视化资源和管脚配置功能,可轻松生成项目框架源程序,这极大简化了 STM32 单片机的初始化配置过程,降低了 STM32 初学者的学习门槛。上述的三个集成开发环境中,STM32CubeIDE 内部集成了 STM32CubeMX(下文简称 CubeMX)软件,而对另外两个开发环境,STM32CubeMX 也可以生成其相应的工程源码。

STM32 单片机开发的调试下载环节,常用方法包括串口 ISP 下载和调试器(仿真器)下载两种。串口 ISP 下载方法虽然比较简单,但因为存在下载速度较慢、无法进行调试仿真这些缺点,所以有条件的开发人员可使用调试器进行下载。

常见的 STM32 调试器都具备程序调试和下载功能，现今主要有 J-Link、ST-Link 和 CMSIS-DAP Link 等几种。J-Link 是一种 20 针 JTAG 标准接口的调试器，功能全面，接口较大，也可改为JTAG/串行线调试(SWD)4 线接口方式进行调试仿真。ST-Link 和 CMSIS-DAP Link 调试器都使用 SWD 接口，相对 J-Link 调试器体积较小、价格较低。本书所有示例程序下载都使用板载的 CMSIS-DAP 调试器通过 USB 电源/数据线进行仿真下载，无须额外下载器和通信线即可实现供电、下载、仿真、串口调试等功能。

3.2　STM32CubeIDE 工具介绍

STM32CubeIDE 是 ST 公司官方推出的用于 STM32 开发的集成开发环境(IDE)，该 IDE 集成了芯片选择、代码初始化、C/C++程序编写、编译、烧录、调试等功能，无须烦琐的环境配置和资源包配置，避免了多个软件间的窗口切换，开发者仅使用一个软件就能完成 STM32 开发。

STM32CubeIDE 软件是基于 Eclipse 开发的，其界面与 Eclipse 几乎一模一样。相比其他商用 IDE，STM32CubeIDE 优势体现在免费、跨平台、集成度高和界面较为美观等，其劣势主要在于硬件配置需求较高、启动速度慢、单片机厂家限制和可选调试器较少这几个方面。如果使用 STM32CubeIDE 进行开发，推荐使用 ST-Link 调试器。由于 STM32CubeIDE 不支持学习板上自带的 DAP-Link 调试器，因此书中示例工程都基于 MDK 工程，但是所有示例都提供.ioc 文件，用户可以方便地在 STM32CubeIDE 中导入工程。

STM32CubeIDE 软件安装包可在 ST 公司官网下载到，其下载地址为

https://www.st.com/zh/development-tools/stm32cubeide.html

如图 3-1 所示，该页面提供了 Linux、macOS 和 Windows 三大平台的软件安装包下载，若系统为 Windows，则选择单击最下方一行的 "Get latest" 按钮下载安装包。

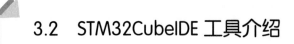

图 3-1　STM32CubeIDE 安装包下载页面

下载了 STM32CubeIDE 软件的安装包后，解压缩该软件安装包文件得到一个名为 st-stm32cubeide_1.xx_x86_64.exe 的安装包程序，双击安装包程序图标，进入软件安装界面，如图 3-2 所示。

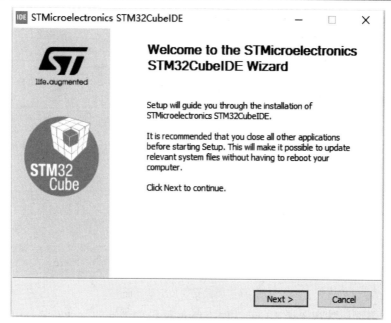

图 3-2　STM32CubeIDE 软件安装界面

单击"Next"按钮并同意软件许可证协议后，弹出安装路径设置界面，如图 3-3 所示。

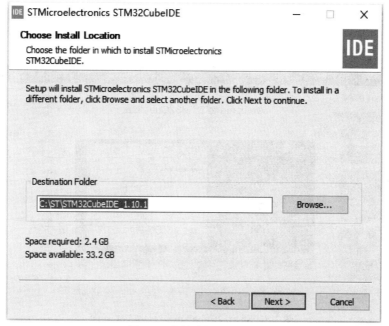

图 3-3　安装路径设置界面

STM32CubeIDE 软件安装需要约 2.4GB 硬盘空间，如果还安装器件包，程序安装占用空间大小将突破 6GB。硬盘空间足够时可以使用默认路径进行安装，默认路径所在分区的可用空间不多时建议修改安装路径，使用其他路径进行安装时要注意安装路径不能包含中文符号或者汉字。

继续单击"Next"按钮，弹出调试器驱动安装界面，如图 3-4 所示。

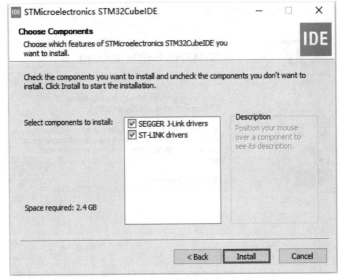

图 3-4　调试器安装驱动界面

驱动安装界面已默认选择 J-Link 和 ST-Link 两种调试器的驱动安装，用户可以勾选其中一种进行安装。单击"Install"按钮开始安装，安装完成后单击"Finish"按钮将在桌面为 STM32CubeIDE 创建一个快捷方式图标。

启动 STM32CubeIDE 软件后，显示如图 3-5 所示的 STM32CubeIDE 信息中心主界面。

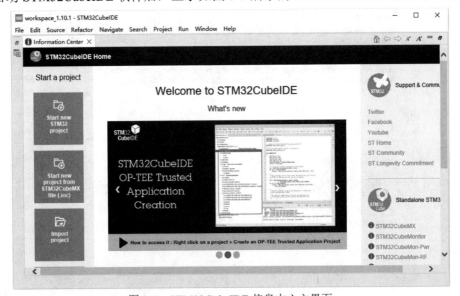

图 3-5　STM32CubeIDE 信息中心主界面

信息中心主界面左边排了一列功能按钮，如"Start new STM32 project"(新建 STM32 工程)、"Start new project from STM32CubeMX file(.ioc)"(从 STM32CubeMX 新建工程)、"Import project"(导入工程)等等。单击第一个新建 STM32 工程按钮将跳转到 STM32 器件选择窗口，如图 3-6 所示。器件选择窗口左边是器件型号过滤器，可以帮助用户快速找到指定的器件。在图 3-6 窗口左上角的"Commercial Part Number"栏中填入器件型号，如 STM32F407VE，器件型号过滤器就找到了两个符合的器件型号，结果显示在窗口右下方的可用器件列表中。

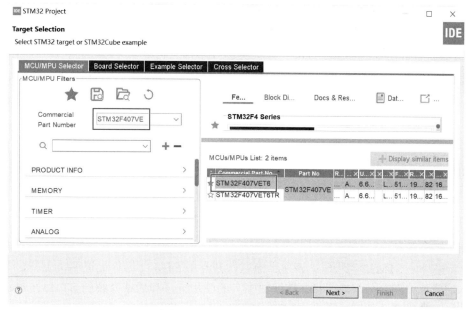

图 3-6　STM32 器件选择窗口

　　在可用器件列表中选择一行器件后，单击"Next"后，弹出如图 3-7 所示的新建 STM32 工程设置界面。

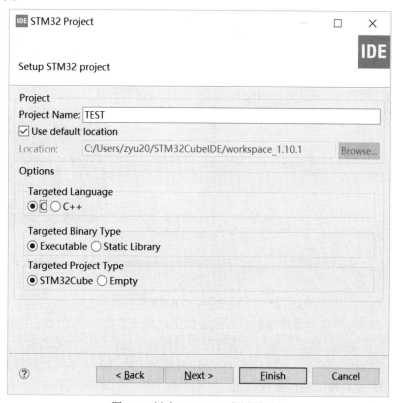

图 3-7　新建 STM32 工程设置界面

在图 3-7 中的"Project Name"栏中输入工程名称,单击"Finish"按钮后,弹出如图 3-8 所示对话框,询问当打开 STM32 器件配置编辑工具时是否切换到相关的器件编辑视图状态。这里建议选"Yes",STM32CubeIDE 将在打开 STM32 器件配置工具时,自动切换到器件配置编辑视图状态。若选"NO"则保持当时的视图状态不变。

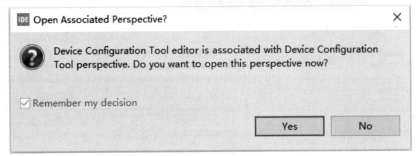

图 3-8 是否切换器件编辑视图状态对话框

图 3-8 中选择"Yes"按钮后,最终进入 STM32CubeIDE 的编辑状态主界面,如图 3-9 所示。新建一个 STM32 工程时,该主界面默认打开了 STM32 器件配置编辑工具,即图 3-9 中显示的器件视图部分编辑窗口。该编辑工具的使用方法和后续介绍的 STM32CubeMX 软件独立版本几乎完全相同,详细介绍可以阅读 3.5.2 小节。

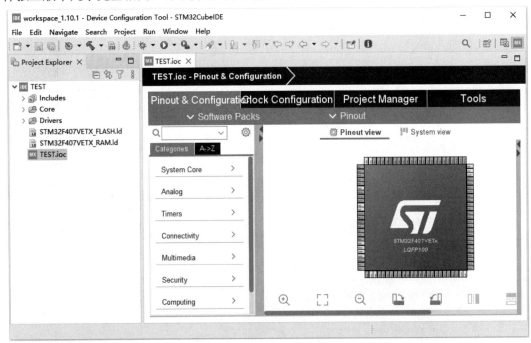

图 3-9 STM32CubeIDE 的器件编辑状态主界面

在 STM32CubeIDE 的器件编辑状态主界面上,单击工具栏上的代码生成按钮""或按"Alt+K"快捷键,准备生成当前器件配置对应的工程代码。如果之前没有下载过对应器件的 STM32Cube 固件包,STM32CubeIDE 将自动下载最新版本的器件固件包,下载完成后将提示用户是否接受软件版权声明,如图 3-10 所示。这里选择第一个"I have read...",再单击"Finish"按钮即可继续安装该固件包并生成工程代码。

图 3-10　确认安装 STM32Cube 固件包

如图 3-11 所示，生成工程代码后，展开左侧工程文件栏中的 Core 文件组，可以看到软件为 STM32 开发生成了一系列工程框架源文件。

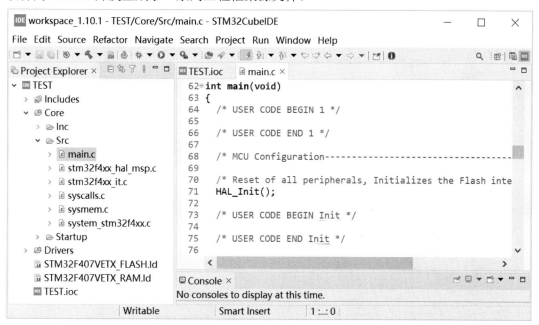

图 3-11　STM32CubeIDE 自动生成的工程代码

单击工具栏上的编译按钮 "" 或按 "Ctrl+B" 快捷键，软件将对当前整个 STM32 工程进行编译，编译完成后，将在界面下方显示编译结果和生成程序大小等信息，如图 3-12 所示。

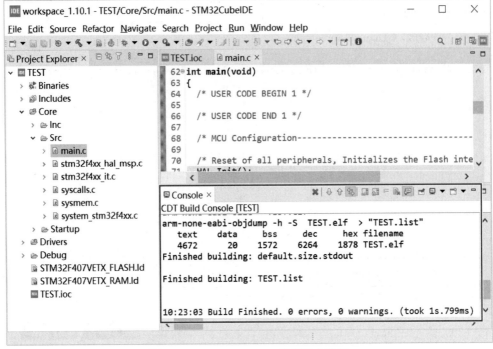

图 3-12　STM32CubeIDE 编译输出结果

STM32CubeIDE 的程序调试和运行，需要先进行工程的加载配置。单击工具栏上的调试按钮"　 　 "或按"F11"快捷键，显示"Edit launch configuration properties"窗口，如图 3-13 所示。

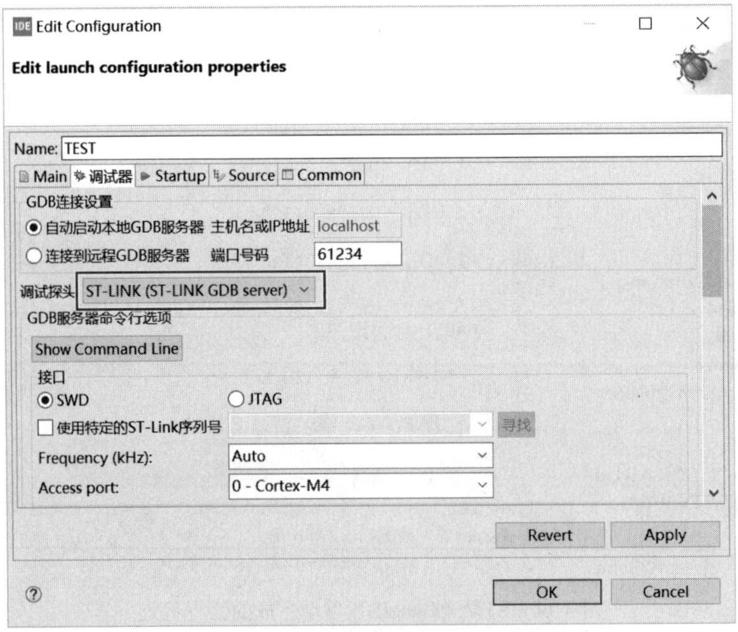

图 3-13　工程加载配置窗口

在图 3-13 中选择当前所用的调试器后，单击"OK"按钮即开始连接调试器并下载程序到 STM32 器件进行程序调试了。如果不需要调试，可直接下载程序，此时在图 3-13 所示的加载工程加载配置窗口中，直接单击工具栏上的运行程序按钮""，即可下载程序到 STM32 单片机上运行测试。

　　以上介绍了 STM32CubeIDE 从创建工程到器件配置和编译下载各个功能的主要界面，具体的软件使用方法在此不再详述，读者可在菜单栏中依次选择"Help"→"Information Center"，在"STM32CubeIDE Home"页面中单击中间的"STM32CubeIDE manuals"按钮查看相关手册文档，以便了解更多信息。

3.3　Keil MDK 工具介绍

　　Keil MDK 软件安装包可在 Keil 公司官网下载，本书所用社区版本为 V5.36。

　　Keil MDK 软件安装包下载之后，双击运行该安装包程序，进入软件安装界面，如图 3-14 所示。

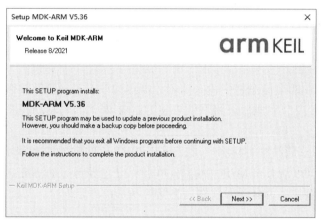

图 3-14　MDK 软件安装界面

　　单击"Next"按钮并同意软件许可证协议后，弹出安装路径设置界面，如图 3-15 所示。

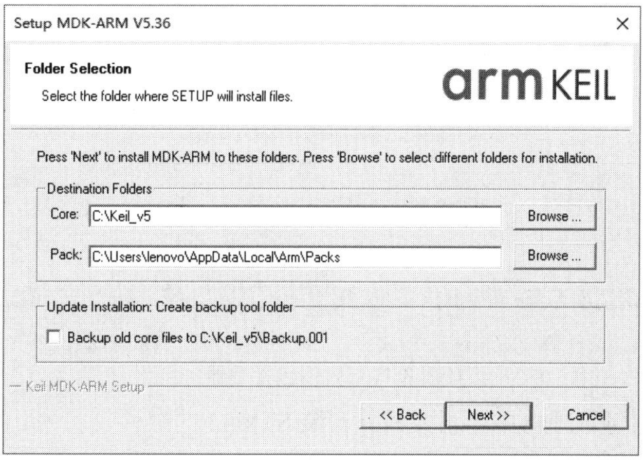

图 3-15　安装路径设置界面

图 3-15 中的两个路径分别是 Keil MDK 的软件安装目录和中间件插件包的下载路径。
Keil MDK 软件安装需要约 3GB 硬盘空间，如果还安装较多中间件程序包，程序安装占用
空间大小将突破 6GB。硬盘空间足够时可以使用默认路径进行安装，默认路径所在分区的
可用空间不多时建议修改图中的两个安装路径，使用其他路径进行安装时要注意安装路径
不能包含中文符号或者汉字。

继续单击"Next"按钮，弹出设置用户信息界面，如图 3-16 所示。

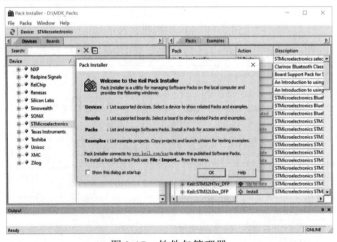

图 3-16　设置用户信息界面

图 3-16 中，需在四个信息栏中输入内容才能继续单击"Next"按钮，之后软件开始安
装。Keil MDK 软件安装完成后，将默认安装 ULink 调试器的驱动程序，用户也可以不装
该驱动程序。

Keil MDK 软件安装结束后，将自动打开 Keil MDK 的软件包管理器，如图 3-17 所示。
该软件包管理器也可以从 Keil MDK 中打开(单击 Keil 主界面上的" Pack Installer"按钮)，
其每次启动时都将检测是否有新的软件包更新。

图 3-17　软件包管理器

Keil MDK 软件包管理器中，还要另外安装 STM32 的器件支持包。如图 3-18 所示，左
边的 Device 器件列表中，选择器件厂商 STMicroelectronics，右侧的 Packs 列表中选择

Keil::STM32F4xx_DFP 项旁边的"Install"按钮进行安装。

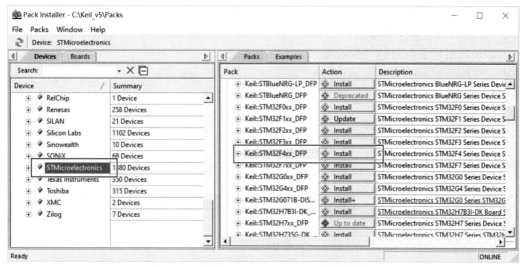

图 3-18　安装 STM32F4xx_DFP 器件支持包

由于网络环境比较复杂，直接在软件包管理器中安装器件支持包可能比较慢，若不能安装器件支持包时可以直接访问 Keil 公司官网，在软件包列表页面查找 STM32F4xx 器件支持包进行下载，Keil 公司的软件包下载页面网址目前是：http://www.keil.com/dd2/Pack/，下载的器件支持包最新版本文件名称为"Keil.STM32F4xx_DFP.2.16.0.pack"。文件下载完成后，首先关闭图 3-17 所示的"Pack Installer"窗口，然后在 Windows 资源管理器中双击所下载的文件图标即可自动安装器件支持包。

Keil MDK 社区版的注册需要在线申请注册码，在 Windows7 以上系统中，用管理员身份启动运行 Keil MDK 软件后，依次选择主界面菜单栏中的"File"→"License Management"菜单项，打开软件授权管理对话框，如图 3-19 所示。

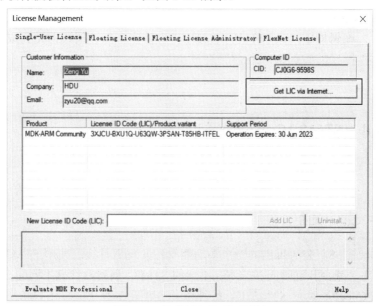

图 3-19　软件授权管理对话框

单击图 3-19 所示授权管理对话框中的"Get LIC via Internet..."按钮，将启动浏览器并打开官方在线授权申请网页(https://www.keil.com/license/install.htm)，如图 3-20 所示。在该页面中填入相应信息(CID 机器码、PSN 产品序列号、电脑描述、电子邮箱和电话号码等信息)后，单击页面最下方的"Submit"按钮即可完成申请。

图 3-20　申请社区版注册码

　　CID 机器码如图 3-19 所示。PSN 产品序列号在官方地址(https://www.keil.arm.com/mdk-community/)中可以找到，现为 42B2L-JM9GY-LHN8C。接收到官方邮件后，复制邮件内容中的"License ID Code (LIC)"后标注的一串注册码，填入图 3-19 对话框下方的"New License ID Code(LIC):"编辑框中，最后单击"Add LIC"按钮添加注册码即可完成社区版的软件授权(注意：添加授权需要有 Windows 管理员权限)。

3.4　STM32CubeMX 软件介绍

3.4.1　STM32Cube 简介

　　STM32Cube 是 ST 公司推出的一个多功能软件开发工具集。使用 STM32Cube 可以大幅提升开发效率，减少开发时间和成本。不同的 STM32 系列器件有不同的 STM32Cube 版本，如 STM32CubeF4 对应 STM32F4 系列器件。如图 3-21 所示，STM32Cube 主要包含 STM32Cube 中间件、STM32 HAL 库和 STM32 LL 库这三类软件包。

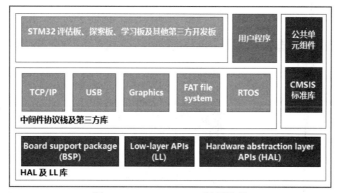

图 3-21　STM32Cube 组织结构

为了方便使用 STM32Cube，ST 公司推出了一个图形化向导式的配置工具：STM32CubeMX(下文简称 CubeMX)。开发人员通过使用 CubeMX 进行简单设置操作便能实现 STM32 单片机的相关配置，最终生成完整的 C 语言初始化工程代码。CubeMX 支持多种工具链，比如 Keil MDK、IAR For ARM、TrueStudio 等。另外，CubeMX 的多系统支持也比较好，现在已经支持 Windows、Linux 和 macOS 等主流操作系统。

3.4.2　STM32CubeMX 软件安装

CubeMX 软件安装包可以在 ST 公司官网上搜索"STM32CubeMX"关键字进行下载(需要注册)，也可以在其他第三方网站下载。如图 3-22 所示，在官网上，在页面上方的搜索栏中填入 STM32CubeMX，然后单击搜索按钮，就可以看到 STM32CubeMX 软件了，本书所用 CubeMX 版本为 6.6。

图 3-22　CubeMX 软件下载

由于 CubeMX 软件是基于 JAVA 环境运行的，所以需要安装 JRE 才能使用，如果操作系统之前没有安装过 JAVA 运行环境，安装 CubeMX 时会提示先安装 JAVA 运行环境并自动打开下载页面。

CubeMX 软件的启动界面如图 3-23 所示。主界面上方是"File""Window"和"Help"菜单，中间是最近创建的工程列表和三个新建工程按钮，右侧是软件和固件包的升级管理按钮。

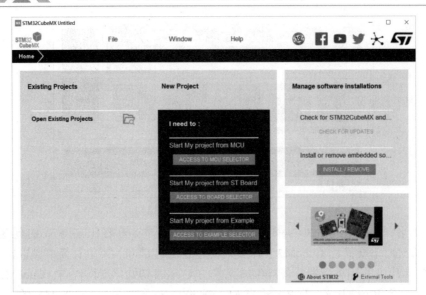

图 3-23　CubeMX 软件启动界面

在使用 CubeMX 之前，有必要提一下，CubeMX 默认的自动更新下载比较慢，等待时间较长，用户可通过主菜单"Help"→"Updater Settings"在更新设置窗口中关闭自动更新，如图 3-24 所示。后期如需更新可以通过主菜单"Help"→"Check for Updates"进行手动更新。另外，还有一个重点是 CubeMX 对中文路径支持不好，如果图 3-24 中的固件库存放路径有中文汉字或者乱码，可以单击右边的"Browse"按钮选择纯英文不带空格的路径。

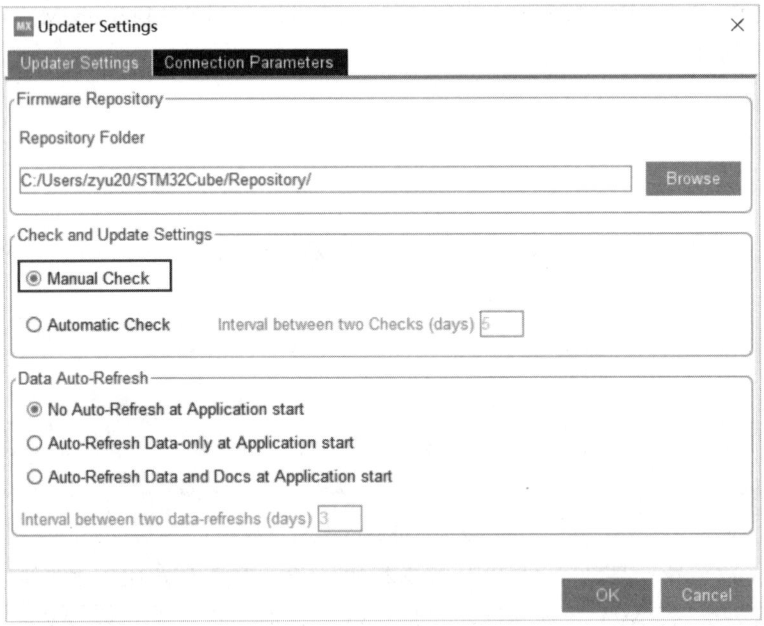

图 3-24　CubeMX 软件设置

CubeMX 软件安装完成后，还需要安装目标硬件平台对应的器件包，这个器件包和 Keil MDK 软件中的软件包不同，需要在 CubeMX 中另外安装。如图 3-25 所示，依次选择 CubeMX 启动界面上的"Help"→"Manage embedded software packages"菜单项，弹出器件包管理窗口。在该窗口中，单击"STM32F4"标签左侧的黑色三角形小按钮，展开 STM32F4 系列器件的可安装器件包。然后勾选最新的一个版本，单击下方的"Instal"按钮进行在线安装。当遇到网络不佳的情况时，也可以到 ST 公司官网下载离线安装包，然后选择左下方的"From Local"按钮进行安装。

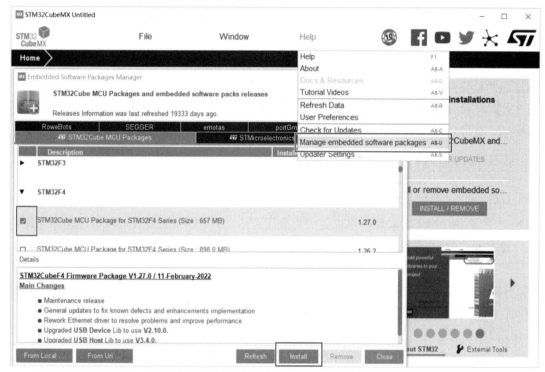

图 3-25　安装目标硬件平台对应的器件包

3.5　STM32 程序设计流程

3.5.1　STM32 软件开发方式

　　STM32 的应用软件开发方式包括直接操作寄存器、使用标准外设库、使用 HAL 库和基于 mbed 平台在线开发。

　　直接操作寄存器的开发方式，类似 51 单片机的 C 语言编程，要操作某个外设，则读写外设对应的寄存器。直接操作寄存器的开发方式，容易理解，方便开发小程序。

　　标准外设库(Standard Peripherals Library)包括所有标准器件外设的器件驱动，可以说之前使用最多的 ST 固件库就是标准外设库。使用标准外设库的开发方式，其特点是使用外设时调用相应的驱动函数而不用去翻手册一个一个配置寄存器，相比直接操作寄存器，此方式更为方便。但是，标准外设库是针对某一系列芯片而言的，可移植性不高。

近几年来 ST 公司逐步停止了 STM32 器件的标准外设库的更新，最新的 STM32 F7、H7 系列器件甚至没有相应的标准外设库了。ST 公司为 STM32 推出了最新的抽象层嵌入式软件，即 HAL 库。相比标准外设库，HAL 库能表现出更高的抽象整合水平，其为各个外设的公共函数功能定义了一套通用的用户友好的 API 函数接口，从而可以轻松实现从一个 STM32 产品移植到另一个不同的 STM32 系列产品。使用标准外设库的开发方式已逐步被使用 HAL 库的开发方式替代，ST 官方也主推使用 HAL 库的开发方式。

mbed 是一个面向 ARM 处理器的原型开发平台，包括 mbed 软件库、参考设计和基于浏览器的软件开发环境。用户只要上网就可以开发，编译结果只要下载保存到开发板上即可工作。这种在线开发方式较为适合使用已经适配的开发板进行原型设计，不过受限于网络环境、软件资料和器件支持几方面的不足，这种在线开发方式在国内并不流行。

3.5.2 STM32 HAL 介绍

HAL 是 Hardware Abstraction Layer 的缩写，中文名称即是硬件抽象层。HAL 库是 STM32 的抽象层嵌入式软件，可以更好地确保跨 STM32 产品的最大可移植性。该库提供了一整套一致的中间件组件，如 RTOS、USB、TCP / IP 和图形库等。

只要是在 ST 公司的 MCU 芯片上使用，STM32 的 HAL 库中的中间件(USB 主机/设备库，STemWin)协议栈即被允许修改，并可以反复使用。对于其他著名的开源解决方案商的中间件(FreeRTOS、FatFs、LwIP 和 PolarSSL)，HAL 库也都具有友好的用户许可条款。可以认为 HAL 库就是用来取代之前的标准外设库的。关于 STM32F4 系列器件的 HAL 库详细介绍，可以参考 ST 公司官方编号 UM1725 的技术文档"Description of STM32F4 HAL and Low-layer drivers"。

在 HAL 库源码包中还随附有 LL(Low-Layer)库，LL 库是 ST 最近新增的库，其技术文档和 HAL 库的技术文档为同一个文件。LL 库更接近硬件层。通过直接操作寄存器控制外设，需要开发人员对 STM32 的寄存器足够熟悉，这不太适合操作复杂外设(如 USB)。LL 库可以完全抛开 HAL 库独立使用，也可以和 HAL 库混合使用。LL 库的使用方式和标准外设库的使用方式基本一样，因而可以认为 LL 库就是原来的标准外设库移植到 STM32 Cube 下的新的实现。

使用 HAL 库时，根据 HAL 库的命名规则，其 API(Application Program Interface 应用程序编程接口)函数可以分为以下几类(PPP 是外设名)：

(1) 初始化/反初始化函数：HAL_PPP_Init()、HAL_PPP_DeInit()等。

(2) I/O 操作函数：HAL_PPP_Read()、HAL_PPP_Write、HAL_PPP_Transmit()、HAL_PPP_Receive()等。

(3) 控制函数：HAL_PPP_SET()、HAL_PPP_GET()等。

(4) 状态和错误：HAL_PPP_GetState()、HAL_PPP_GetError()等。

HAL 库对所有的函数模型也进行了统一。在 HAL 库中，支持三种编程模式：轮询模式、中断模式、DMA 模式(如果外设支持)。三种编程模式分别对应如下三种类型的函数(以

ADC 为例)：

(1) HAL_StatusTypeDef HAL_ADC_Start(ADC_HandleTypeDef* hadc);

　　HAL_StatusTypeDef HAL_ADC_Stop(ADC_HandleTypeDef* hadc);

(2) HAL_StatusTypeDef HAL_ADC_Start_IT(ADC_HandleTypeDef* hadc);

　　HAL_StatusTypeDef HAL_ADC_Stop_IT(ADC_HandleTypeDef* hadc);

(3) HAL_StatusTypeDef HAL_ADC_Start_DMA(ADC_HandleTypeDef* hadc, ...);

　　HAL_StatusTypeDef HAL_ADC_Stop_DMA(ADC_HandleTypeDef* hadc);

其中：第(1)类就是轮询模式(没有开启中断的)；第(2)类带_IT 的函数表示工作在中断模式下；第(3)类带_DMA 的函数表示工作在 DMA 模式下(注意：DMA 模式下也是开中断的)。至于使用何种方式，就看实际的应用场合需求，本书后续内容将给出这三种方式的应用示例。

此外，HAL 库架构下统一采用宏的形式对各种中断等进行配置，针对每种外设主要包括以下宏：

(1) HAL_PPP_ENABLE_IT(_HANDLE_, _INTERRUPT_)：使能一个指定的外设中断。

(2) HAL_PPP_DISABLE_IT(_HANDLE_, _INTERRUPT_)：关闭一个指定的外设中断。

(3) HAL_PPP_GET_IT(_HANDLE_, _INTERRUPT_)：获得一个指定的外设中断状态。

(4) HAL_PPP_CLEAR_IT(_HANDLE_, _INTERRUPT_)：清除一个指定的外设的中断状态。

(5) HAL_PPP_GET_FLAG (_HANDLE_, _FLAG_)：获取一个指定的外设的标志状态。

(6) HAL_PPP_CLEAR_FLAG (_HANDLE_, _FLAG_)：清除一个指定的外设的标志状态。

(7) HAL_PPP_ENABLE(_HANDLE_)：使能外设。

(8) HAL_PPP_DISABLE(_HANDLE_)：关闭外设。

(9) HAL_PPP_XXXX (_HANDLE_, _PARAM_)：指定外设的宏定义。

(10) HAL_PPP_GET_IT_SOURCE (_HANDLE_, _INTERRU PT_)：检查中断源。

通常来说,HAL 库将 MCU 外设处理逻辑中的必要部分以回调函数的形式提供给用户，用户只需要在对应的回调函数中进行修改即可。HAL 库包含如下三种用户级别回调函数，绝大多数用户代码都在这些回调函数中实现：

(1) 外设系统级初始化/解除初始化回调函数：HAL_PPP_MspInit()和 HAL_PPP_MspDeInit()，用来初始化底层相关的设备(如 GPIO 端口、CLOCK 时钟、DMA 和中断设备等)。

(2) 处理完成回调函数：HAL_PPP_ProcessCpltCallback()。其中 Process 指具体某种处理，如 UART 的 Tx 和 Rx。当外设或者 DMA 工作完成后时，触发中断，该回调函数会在外设中断处理函数或者 DMA 的中断处理函数中被调用。

(3) 错误处理回调函数：HAL_PPP_ErrorCallback()。当外设或者 DMA 出现错误时，触发中断，该回调函数会在外设中断处理函数或者 DMA 的中断处理函数中被调用。

除了 HAL 库中的操作函数和回调函数，用户常用到的 HAL 库函数还有一些系统控制函数，如表 3-1 所示。

表 3-1　HAL 库常用系统函数

函数名称	功　　能
HAL_GetTick()	获取系统滴答定时器计数(时间戳，单位为毫秒)
HAL_Delay()	系统延时一段指定时间(单位为毫秒)
HAL_SuspendTick()	暂停系统滴答定时器
HAL_ResumeTick()	恢复系统滴答定时器
HAL_GetUIDw0()	获取器件唯一序列号 UID 值(低 32 位)
HAL_GetUIDw1()	获取器件唯一序列号 UID 值(中间 32 位)
HAL_GetUIDw2()	获取器件唯一序列号 UID 值(高 32 位)

3.5.3　CubeMX 工程创建流程

启动 STM32CubeMX 后，直接单击启动界面中"New Project"标签下的"ACCESS TO MCU SELECTOR"按钮，打开新建工程界面，如图 3-26 所示。

图 3-26　CubeMX 新建工程界面

新建的工程是一个 STM32CubeMX 工程(简称 Cube 工程)，在左侧的器件搜索栏中直接输入器件型号可以快速定位创建工程所需的 STM32 器件。本章示例都是基于 STM32F4 系列中的 STM32F407VET6 型号器件，对于不同开发板使用的 STM32 器件型号可能稍有不同，应用本章示例时要注意修改器件和引脚。

如图 3-27 所示，在搜索栏中输入 STM32F407VE 后，窗口右下方的器件列表中就显示了 STM32F407VET6 器件，选中该器件后，窗口右上方的一排按钮就可以单击了。这几个按钮从左到右分别是"Features"(器件特性)、"Block Diagram"(器件结构)、"Docs & Resources"(参考文档和资源)、"CAD Resources"(CAD 资源)、"Datasheet"(器件数据手册)、"Buy"(购买链接)和"Start Project"(开始工程)。

图 3-27　搜索选定工程目标器件

选中列表中的器件，再单击最右侧的"Start Project"按钮，将进入 CubeMX 工程配置主界面，如图 3-28 所示。

图 3-28　CubeMX 工程配置主界面

工程配置主界面上方是主菜单和基本的工具按钮，中间是标签形式的配置向导，分别为"Pinout & Configuration"(引脚配置)、"Clock Configuration"(时钟配置)、"Project Manager" (输出工程管理)、"Tools"(工具)这几个向导；最下方则是器件信息栏和消息输出栏。

新建一个 Cube 工程时，基本都是在中间的 4 个向导进行初始化配置，配置完成后单击上方的"GENERATE CODE"按钮生成并导出 STM32 工程。关于 STM32CubeMX 的详细使用，参见本章后续内容或按快捷键 F1 参阅 ST 公司编号"UM1718"的技术文档，本小节仅对常见的必要设置进行简单介绍。

"Pinout & Configuration"向导中，左侧树形列表栏列出了当前所选器件的所有外设和已安装的第三方中间件，右侧视图则是整个器件的端口引脚布局图，每个引脚上都标明了对应的引脚名称。如果要在工程中使用 STM32 的某个外设功能时，可以直接在左侧外设列表中选择启用该外设或者选择指定外设功能。如果不使用 STM32Cube 的 HAL 库而仅仅使用器件的某些引脚(如 GPIO)，可以在右侧的器件视图中直接用鼠标左键单击要使用的引脚，然后在弹出菜单中选择端口模式或使能复用功能。

鼠标右键单击器件视图上某个已使用的引脚，弹出菜单中可以选择指定该引脚用户名称、固定/松开引脚功能(信号)、使能/关闭引脚功能堆叠这几个菜单项。如果要手动修改某个复用功能所在引脚，鼠标先移动到该复用功能当前所在引脚上，按住键盘 Ctrl 键的同时用鼠标左键将该功能拖动到器件视图上的蓝色可用引脚上即可。

新建一个 Cube 工程时，在"Pinout & Configuration"中通常必须做的设置有：

(1) 如果使用外部晶振，左侧列表中，展开"System Core"下的"RCC"模块，设置系统所用时钟源 High Speed Clock(HSE)为"Crystal/Ceramic Resonator"。如果要使用 RTC 时钟模块，还需设置 Low Speed Clock(LSE)选项。

(2) 如果要使用硬件仿真/调试器，在左侧列表中，展开"SYS"模块，设置 Debug 为"Serial Wire"项。

(3) 如果有使用 FreeRTOS 等嵌入式操作系统，建议将"SYS"模块中的 Timebase Source(系统时基源)设置为"SysTick"之外的其他定时器。

(4) 左侧列表中开启必要的外设功能，然后在右侧器件视图中设置必要的输入输出端口。

3.6 按键控制 LED 程序设计示例

本节在上一小节基础上，以设计一个简单的按键控制 LED 程序作为示例，演示 CubeMX+Keil MDK 的 STM32 程序设计流程。按键控制 LED 的电路连接如图 2-13、图 2-14 所示。当按下按键（连接单片机 PE1 引脚）时，LED 灯（连接单片机 PE8 引脚）亮，当放开按键时 LED 灯灭。

3.6.1 CubeMX 工程配置

如图 3-29 所示，在左侧列表中设置"RCC"模块的 HSE 使用外部晶振(即选择 Crystal/Ceramic Resonator)，其他参数不变。

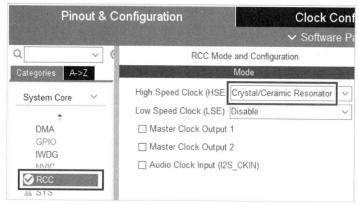

图 3-29　时钟晶振和端口设置

　　然后在器件视图中选用 PE1 作为输入端口、PE8 作为输出端口(根据实际电路，端口设置可能不同)，连接按键和 LED 灯。两个端口的设置结果如图 3-30 所示。

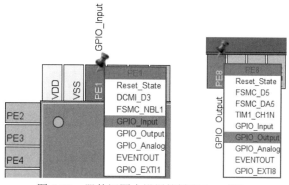

图 3-30　器件视图中设置按键和 LED 端口

　　单击图 3-29 中左侧模块列表中的 System Core 栏目下的"GPIO"模块，打开已启用的 GPIO 端口列表，如图 3-31 所示。

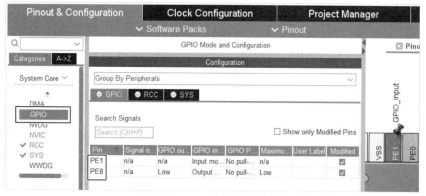

图 3-31　查看 GPIO 列表

　　在图 3-31 中，根据之前开启的外设模块不同，右侧的中间件和功能模块显示也会不同，中间的 GPIO 配置窗口是单击右侧 GPIO 功能按钮后显示出来的结果。单击端口列表中的 PE1，设置该端口为上拉输入，用户标签名称为 K1，如图 3-32 所示。输入端口的上拉、下拉是由硬件电路决定的，如果按键按住时低电平有效，那就设置为上拉输入；如果按键按住时高电平有效，那就设置为下拉输入。

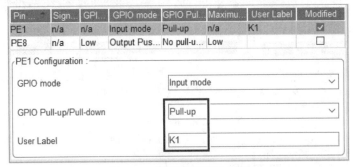

图 3-32　设置按键端口参数

单击端口列表中的 PE8，设置该端口默认输出高电平，用户标签名称为 L1，如图 3-33 所示。

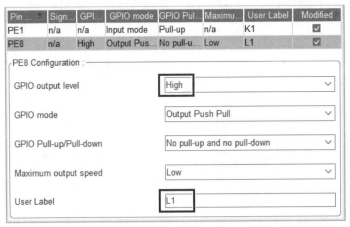

图 3-33　设置 LED 端口参数

选中 PE8 端口后，下方的端口信息就会依次列出默认输出电平、端口模式、上拉/下拉模式、最大输出速度、用户标签等信息。此处除了修改用户检签名称为"L1"，还修改了端口默认输出电平为高电平，即默认不亮灯。

完成"Pinout & Configuration"的设置后，接下来单击主界面中的"Clock Configuration"标签切换到系统时钟配置界面，如图 3-34 所示。

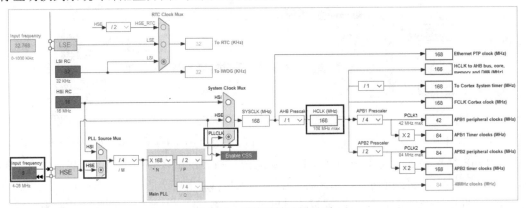

图 3-34　系统时钟配置界面

时钟配置界面比较直观，操作也非常简单。首先要确定左下角的外部晶振 HSE 频率是否为实际所用的晶振频率，如果不是，单击 HSE 左侧的蓝色方框进行修改。要使用外部晶振，还需对图 3-34 所示的 PLL 锁相环相关的两个选择器进行设置。确定晶振频率后，在中间的 HCLK 方框中输入最终频率，STM32CubeMX 会对整个单片机的时钟系统自动进行配置，如果还要修改，可以在自动配置后对个别时钟再行修改。如图 3-34 所示，本示例使用外部时钟源为 8 MHz 晶振，单片机时钟频率设置为 168 MHz。

单击 "Tools" 标签，如图 3-35 所示，该界面可以对整个单片机系统进行功耗预估计算，这个功能在进行低功耗设计时非常有用，本次示例暂时不用。

图 3-35　CubeMX 的系统功耗评估界面

3.6.2　导出 MDK 工程源码

在图 3-35 中，单击界面上方的 "Project Manager" 标签切换到输出工程管理界面，如图 3-36 所示。

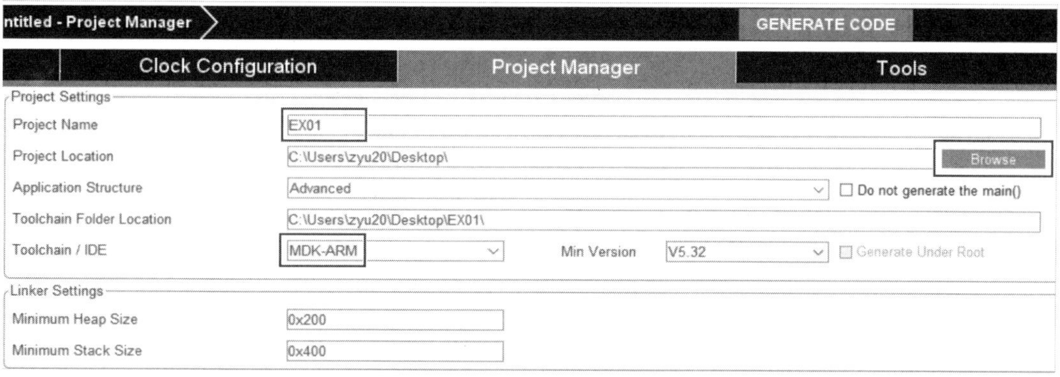

图 3-36　输出工程管理界面

在图 3-36 中设置要生成的 STM32 工程名为"EX01",单击右侧的"Browse"按钮选择导出工程路径(路径不能包含中文和空格等特殊符号)。对"Toolchain/IDE"选项,可以根据实际需求选择"STM32CubeIDE"或"MDK-ARM",使用 VSCode 配合 arm-none-eabi-gcc 进行 STM32 开发时则需要改为"Makefile"选项。考虑到 STM32CubeIDE 的调试工具限制较大,所以本书所有示例都选择"MDK-ARM"作为导出工程 IDE。图 3-36 所示界面其他选项保持默认不变。

导出工程时还有两个选项需要设置一下。如图 3-37 所示,单击"Project Manager"界面左侧的"Code Generator"按钮,切换显示导出工程时的生成代码选项。

Pinout & Configuration	Clock Configuration	Project Manager

	STM32Cube MCU packages and embedded software packs
Project	○ Copy all used libraries into the project folder
	◉ Copy only the necessary library files
	○ Add necessary library files as reference in the toolchain project configuration file
Code Generator	Generated files
	☑ Generate peripheral initialization as a pair of '.c/.h' files per peripheral
	☐ Backup previously generated files when re-generating
Advanced Settings	☑ Keep User Code when re-generating
	☑ Delete previously generated files when not re-generated

图 3-37　输出工程生成代码选项

单击选定"Copy only the necessary library files",可以减小导出工程占用的硬盘空间。勾选"Generate peripheral initialization as a pare of '.c/.h' files per peripheral"选项,可以更方便地对导出工程源码进行模块化管理。

最后单击右上角的"GENERATE CODE"按钮开始生成工程文件。如果之前没有安装过 STM32F4 系列器件的支持库(STM32CubeF4),开始生成时将弹出消息框提示用户当前没有可用的器件库,询问用户是否需要立即下载,单击"Yes"确定开始下载。等待下载器件库并安装成功后,软件会继续生成 EX01 工程,最后弹出消息框,询问用户是否打开生成的工程,如图 3-38 所示。

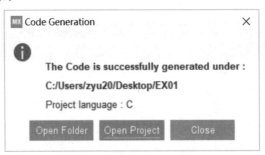

图 3-38　选择工程打开方式

选择"Open Folder"打开工程文件夹,如图 3-39 所示,LED 工程编译后生成的中间文件和目标文件都在"MDK-ARM"子文件夹中。

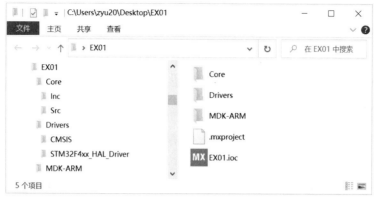

图 3-39　CubeMX 导出工程目标文件夹内容

图 3-39 中，EX01 工程文件夹下，Core 子文件夹主要存储 main.c、gpio.c 和 stm32f4xx_it.c 这些用户源文件和头文件，Drivers 子文件夹主要存储 STM32 的 CMSIS 内核驱动和 HAL 库驱动源码。MDK-ARM 子文件夹则是 EX01 的 MDK 工程文件夹，里面存储有相关的工程文件，如果用户想用 Keil MDK 软件打开 EX01 工程，可以在资源管理器中直接双击打开该文件夹下的 EX01.uvprojx 文件。

3.6.3　编辑工程代码

单击图 3-38 中的"Open Project"按钮将使用 Keil MDK 软件打开 EX01 工程，如图 3-40 所示。

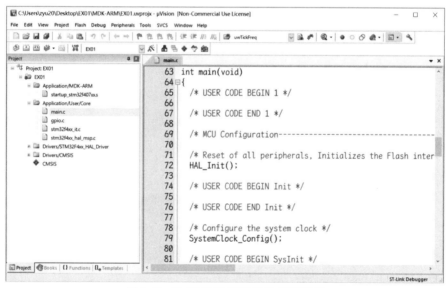

图 3-40　Keil MDK 打开 LED 工程结果

从图 3-40 中可以看到，生成的 EX01 工程包含 STM32F4 的启动代码、HAL 驱动、CMSIS 库，主要提供了 main.c、gpio.c、stm32f4xx_it.c 和 stm32f4xx_hal_msp.c 这几个用户源程序文件。从右侧编辑窗口显示的 main.c 文件中可以看到，STM32CubeMX 生成的用户文件提供了很多类似 "/*USER CODE BEGIN I*/" 和 "/*USER CODE END*/" 这样成对的注释行。

这些注释行可用于保护用户代码，当用户使用 STM32CubeMX 修改工程配置后重新导出生成的工程源码时，成对注释行之间的用户代码将会保留。因此在编辑生成的源程序时要特别注意，用户代码尽量填写在这些注释对中，也不要破坏这些已有的注释对。

观察生成的 STM32 工程 main.c 程序代码，可以看到自动生成的 main()主函数结构如下：

```c
int main(void)
{
    /* USER CODE BEGIN 1 */
    /* USER CODE END 1 */

    /* MCU Configuration--------------------------------------------*/
    /* Reset all peripherals, Initializes Flash interface and the Systick. */
    HAL_Init();                         // HAL 库初始化

    /* USER CODE BEGIN Init */
    /* USER CODE END Init */

    /* Configure the system clock */
    SystemClock_Config();               // 系统时钟、滴答定时器初始化

    /* USER CODE BEGIN SysInit */
    /* USER CODE END SysInit */

    /* Initialize all configured peripherals */
    MX_GPIO_Init();                     // GPIO 端口初始化
    /* USER CODE BEGIN 2 */
    /* USER CODE END 2 */

    /* Infinite loop */
    /* USER CODE BEGIN WHILE */
    while (1)                           // main 函数主循环
    {
        /* USER CODE END WHILE */
        /* USER CODE BEGIN 3 */
    }
    /* USER CODE END 3 */
}
```

系统上电进入 main()函数后，首先调用 HAL_init()函数进行外设复位和相关接口初始化动作，然后调用 SystemClock_Config()函数配置系统时钟和滴答定时器，接下来就是对用

户指定的各种外设和端口进行配置(本例只用到了 GPIO 端口,因此调用了 MX_GPIO_Init()
函数进行端口初始化),最后进入 while 主循环执行用户编写的代码。

在 main()函数中添加按键控制 LED 亮灯的程序代码,如图 3-41 所示。

```
    main.c*
91      /* Infinite loop */
92      /* USER CODE BEGIN WHILE */
93      while (1)
94      {
95          uint8_t sta = HAL_GPIO_ReadPin(GPIOE, GPIO_PIN_1);
96          HAL_GPIO_WritePin(GPIOE, GPIO_PIN_8, sta);
97          /* USER CODE END WHILE */
98
99          /* USER CODE BEGIN 3 */
100     }
101     /* USER CODE END 3 */
102 }
103
```

图 3-41　添加按键控制 LED 亮灯代码

HAL 库对 GPIO 端口的操作提供了几个比较简单的 API 函数,如表 3-2 所示。

表 3-2　HAL 库 GPIO 操作函数一览

函数名称	说　　明
HAL_GPIO_Init	GPIO 端口初始化
HAL_GPIO_DeInit	GPIO 端口复位默认值
HAL_GPIO_ReadPin	读取 GPIO 端口电平
HAL_GPIO_WritePin	GPIO 端口输出指定电平
HAL_GPIO_TogglePin	GPIO 端口输出电平翻转
HAL_GPIO_LockPin	锁定 GPIO 端口配置
HAL_GPIO_EXTI_IRQHandler	GPIO 外部中断处理函数
HAL_GPIO_EXTI_Callback	GPIO 外部中断回调函数

表 3-2 中 " HAL_GPIO_Init " " HAL_GPIO_ReadPin " " HAL_GPIO_WritePin " 和
" HAL_GPIQ_TogglePin " 函数都是经常用到的 GPIO 操作函数。

图 3-41 中添加的第一行代码是 " uint8_t sta = HAL_GPIO_ReadPin(GPIOE,
GPIO_PIN_1); " ,其作用是定义一个整数变量 sta,用来存放读取的按键状态。因为之前在
CubeMX 中设置过 PE1 端口是上拉输入,那么当按键按下时,sta 变量就赋值为 0,按键放
开时 sta 变量就赋值为 1。

图 3-41 中添加的第二行代码为 " HAL_GPIO_WritePin(GPIOE, GPIO_PIN_8, sta); " ,其
作用是根据 sta 的值控制与 PE8 连接的 LED 灯的亮灭。因为学习板上 LED 灯控制电路一
端上拉连接电源,因此 PE8 输出低电平时 LED 亮,PE8 输出高电平时 LED 灭。所以该行
代码实现的效果就是当用户按下 PE1 连接按键时,sta 值为 0,对应 LED 亮,用户放开按
键时 sta 值为 1,对应 LED 灭。

3.6.4 工程编译和工程选项设置

按键盘 F7 快捷键或单击工具栏上的"🔳"编译按钮编译工程，编译结果如图 3-42 所示。由图可以看到，窗口下方的"Build Output"输出栏中显示"0 Error(s), 0 Warning(s)."表示工程编译成功。同时，根据输出信息中的"Program Size: Code=3308 RO-data=440 RW-data=12 ZI-data=1644"可知 EX01 程序最终占用了 3 KB 多的单片机内部存储空间，程序运行时需要约 2 KB 的 RAM 空间。

"🔳"编译按钮右边还有一个"🔳"重新编译按钮，该按钮将会先清除所有编译中间文件，然后再重新编译所有工程源码，当用户修改了工程选项时，建议使用"🔳"对工程重新编译一次。

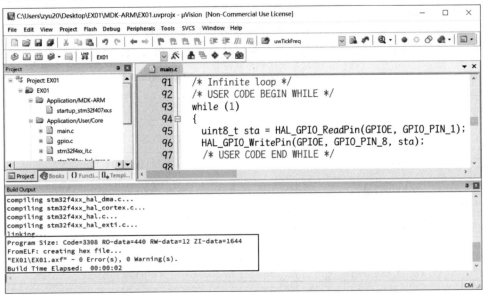

图 3-42　EX01 工程编译结果

编译成功后单击工具栏上的"🔨"按钮(快捷键 Alt + F7)，打开工程选项设置对话框，如图 3-43 所示。

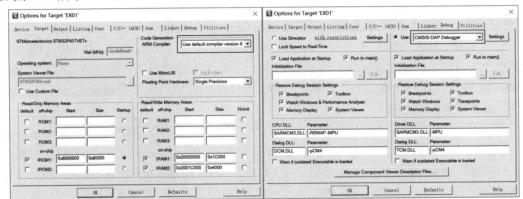

图 3-43　工程选项设置

Keil MDK 软件默认使用的"version 5"版本编译器效率比较低，改成"version 6"版本编译器可以大大缩短编译时间(Keil MDK5.37 中甚至只预装了"version 6"版本编译器)。在图 3-43 中，选择"Target"选项卡，修改右上角编译器，选择"Use default compiler version 6"。接下来选择"Debug"选项卡，修改右上角调试器，选择"CMSIS-DAP Debugger"调试器，单击其右侧的"Settings"按钮进入调试器设置对话框，如图 3-44 所示。

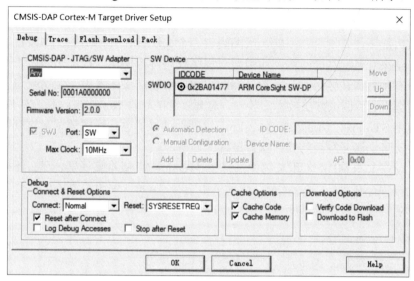

图 3-44　CMSIS-DAP 调试器设置对话框

3.6.5　程序下载运行

　　如图 3-44 所示，学习板连接上电脑 USB 口上电后，在调试器设置对话框中能看到 DAP 调试器已连接，接下来可以进行程序下载和调试了。单击对话框上方的"Flash Download"选项卡，打开程序下载设置对话框，如图 3-45 所示。

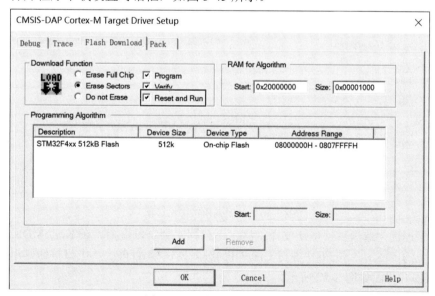

图 3-45　程序下载设置对话框

勾选"Reset and Run"选项，单击"OK"按钮。如果之前图 3-43 中修改过工程设置，那么需要点工具栏上的重新编译按钮重新编译一次。最后，单击工具栏上的"⬇"按钮(快捷键 F8)下载程序，按学习板上的对应按钮，观察 PE8 端口连接的 LED 灯，验证程序效果。

3.6.6 程序调试

大多数情况下，开发者并不能一次编码就完全实现设计目标功能。如果程序编译下载后测试运行结果与目标功能不符，还需要对程序代码进行调试，找出问题所在并修改相应代码。在没有硬件调试器时，开发者只能观察程序运行结果或者根据调试端口输出结果来修改代码问题，这种调试方法效率比较低，对开发者的软件水平要求较高。对初学者而言，建议学会使用 ST-Link、J-Link 或 DAP-Link 等硬件调试器进行程序调试，这既能提高程序调试效率，又可加深开发者对软件执行过程的理解。

如果之前在 Keil MDK 工程选项中选择了"version 6"版本编译器，那么还需在图 3-46 所示的对话框中，在"C/C++(AC6)"选项卡中选择"-O0"关闭编译器优化选项，这样才能在调试时观察到函数中局部变量的值。

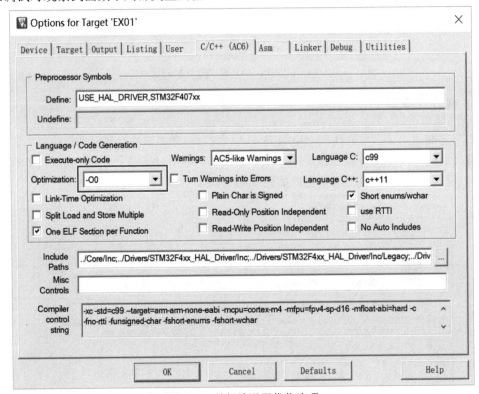

图 3-46　关闭编译器优化选项

修改工程优化选项后，重新编译工程，下载程序到学习板上。在 Keil MDK 主界面单击工具栏上的"🔍·"按钮(快捷键 Ctrl + F5)进入调试模式(再次单击该按钮则退出调试模式)，调试模式界面如图 3-47 所示。

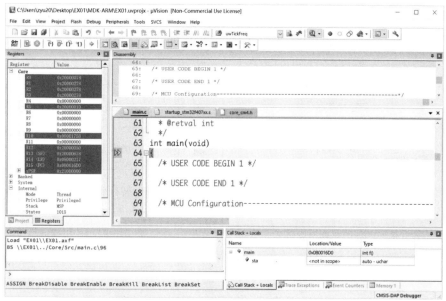

图 3-47　调试模式主界面

在 Keil MDK 的调试模式界面中，左侧默认显示"Register"系统寄存器信息栏，代码编辑区域上方显示的是反汇编代码，左下方显示了调试器执行的命令结果，右下方默认显示"Call Stack+Locaks"调用栈信息栏。

如图 3-47 所示，如果程序能正常启动，调试器加载程序后将停在 main()函数入口等待用户继续操作。代码窗口中，行号左侧的▷▷图形符号表示当前程序停在该行准备执行，如果该行设置了调试断点，那么行号左侧还将显示●图形符号，如图 3-48 所示。在 main.c 文件编辑窗口中，鼠标单击第 96 行左侧空白的深灰色区域，将在该行设置一个调试断点(再次单击则取消该断点)。

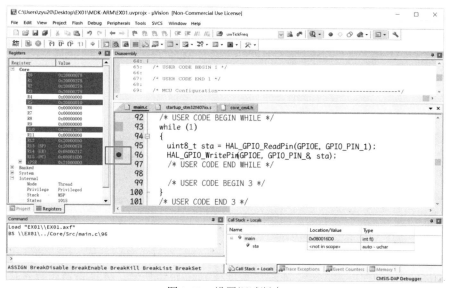

图 3-48　设置调试断点

在 Keil MDK 的调试模式下，常用的基本工具栏下方还显示有一个调试工具栏，该工具栏提供了常见的调试和视图切换功能，其中常用的调试功能按钮如表 3-3 所示。

表 3-3　常用的 Keil MDK 调试工具栏按钮

按钮	说　　明	按钮	说　　明
RST	复位按钮		跳转回当前暂停所在代码行
	连续执行		切换显示反汇编代码窗口
	暂停执行		切换显示寄存器信息窗口
	单步执行，有函数调用则跳入函数		切换显示调用栈信息窗口
	单行执行，不跳入函数		切换显示变量观察窗口
	连续执行直到跳出当前函数		切换显示内存信息窗口
	连续执行到当前光标所在行		切换显示系统信息窗口

回到图 3-48 所示调试状态，单击工具栏上的连续执行按钮(快捷键 F5)，程序将连续执行，直到第 96 行的断点处暂停下来。观察右下角的 "Call Stack+Locaks" 信息栏，如图 3-49 所示，可以看到没有按住 PE1 端口连接的按键时，sta 变量的值为 1。

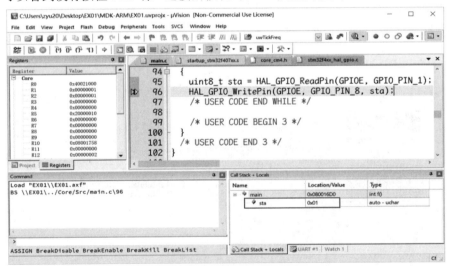

图 3-49　断点暂停后观察变量数值

接下来单击工具栏上的单行执行按钮(快捷键 F10)，执行第 96 行代码，可以观察到 PE8 端口连接的 LED 灯是熄灭状态。此时，先按住 PE1 对应按键，然后再单击连续执行按钮，程序将再次停留在第 96 行断点。如图 3-50 所示，观察 "Call Stack+Locaks" 信息栏中的 sta 变量，可以发现其数值已经更新为 0 了，继续单行执行断点所在行代码，可以看到 PE8 对应的 LED 灯变为点亮状态。

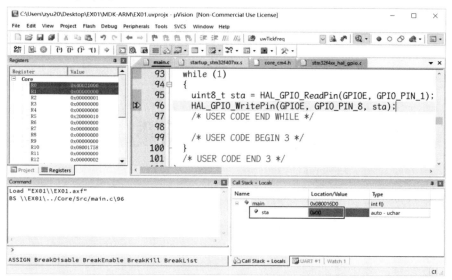

图 3-50　按住按键后再次运行到断点行结果

以上演示了 Keil MDK 调试中最常见的设置断点和观察变量操作方法,有条件的读者还应在后续的实践中多加练习以熟练掌握。

实验　按键扫描与流水灯设计

一、实验目标

熟悉基于 HAL 库的 CubeMX 工程创建流程,并用一个多功能按键控制流水灯。

二、实验内容

(1) 查看开发板原理图,了解所有独立按键和 LED 灯连接到 STM32F4 上的引脚端口。修改本章 LED 示例,在 CubeMX 中设置 4 个输入端口(按键)和 8 个输出端口(LED 灯)。4 个按键分别命名为 RUN、STYLE、UP 和 DOWN,8 个 LED 灯命名为 L1~L8。

(2) 添加程序代码,实现 RUN 按键控制流水灯启动/暂停,STYLE 按键切换不同的流水灯样式(至少 5 种),UP 和 DOWN 按键用于上调或者下调流水灯变换速度(1~10 档可调)。

(3) 采用 STYLE 按键切换流水灯样式时,8 个 LED 灯按样式序号(1~5)闪烁对应的灯数,2 秒后停止闪烁,显示对应的流水灯。

附加要求:禁止使用外部中断、定时中断和 RTOS 进行设计,要求功能按键反应灵敏,没有连按抖动情况,且一直按住按键的时候不影响流水灯运行,流水灯速度很慢时按键响应同样灵敏。

第4章

RT-Thread 嵌入式实时操作系统

嵌入式实时操作系统是一种特殊的系统程序(通常称为内核)，其基本属性是支持多任务，允许多个任务同时运行(但并不意味着处理器在同一时刻真正执行了多个任务)。相比于常用的电脑操作系统，嵌入式实时操作系统最大的特点就是具有"实时性"，如果某个任务需要执行，实时操作系统会立即执行该任务，不会有严重的延时。典型的实时操作系统有 μC/OS-II和 μC/OS-III、RT-Thread、FreeRTOS、Lite OS 和 VxWorks 等。

嵌入式实时操作系统在实际应用时，除了包含一个内核，还需要提供其他服务，如文件系统、协议栈、图形用户界面等。本章将以国产 RT-Thread 嵌入式实时操作系统为例介绍其系统移植操作和基本的功能特性。后续章节将基于该系统进行嵌入式应用开发实践。

4.1 RT-Thread 系统简介

RT-Thread 诞生于 2006 年，RT-Thread 是"Real Time-Thread"的简称，它是一款以开源、中立、社区化发展起来的物联网操作系统，也是一个嵌入式实时多线程操作系统。RT-Thread 主要采用 C 语言编写，其代码浅显易懂，且具有方便移植的特性(可快速移植到多种主流 MCU 及模组芯片上)，这也是本书用其来进行嵌入式应用实践的原因之一。

相较于 Linux 操作系统，RT-Thread 体积小、成本低、功耗低、启动快速。除此以外 RT-Thread 还具有实时性高、占用资源小等特点，非常适用于各种资源受限(如成本、功耗限制等)的场合。实际上很多带有 MMU 的应用处理器在某些特定应用场合也宜使用 RT-Thread。

RT-Thread 有完整版和 Nano 版。完整版可应用在相对资源丰富的物联网设备上，可通过在线软件包管理器和系统配置工具来实现直观快速的模块化裁剪，导入丰富的软件功能包；Nano 版则对 FLASH 和 RAM 资源需求较小，适合在资源受限的微控制器(MCU)上使用。

RT-Thread 的特点归纳如下：

(1) 实时性高：资源占用极低，功耗超低。

(2) 组件丰富：支持模块化设计，具有众多软件包。

(3) 简单易用：代码浅显易懂，易于阅读、掌握。

(4) 可伸缩：软件架构可伸缩，松耦合；模块化设计，易于裁剪和扩展。

(5) 多任务并发：可以创建和管理多个任务，支持多种调度策略和优先级管理方法。

(6) 跨平台：单片机型号支持广泛，开发者众多，有助于交流学习。

(7) 完全开源：可以免费在商业产品中使用，不需要公开私有代码，没有潜在商业风险。

RT-Thread 的源码可到官方网站(https://www.rt-thread.org/download.html)上进行下载，或者到其开源仓库下载。RT-Thread 官网页面如图 4-1 所示，用户可从其上获得系统内核源码、编译和 IDE 开发工具等软件资源。

图 4-1　RT-Thread 官网页面

在浏览器中打开 RT-Thread 官网的下载主页后，点击图 4-1 中的"RT-Thread Nano"或"源代码"按钮，跳转到 RT-Thread 源码下载页面。用户可下载 RT-Thread 的 Nano 版的源码和完整版的源码。另外在 GitHub 和 Gitee 开源软件网站也有 RT-Thread 的软件仓库，用户可在两个软件仓库中获取最新版本源码。

考虑对嵌入式实时操作系统初学者的教学实践易用性，本书的嵌入式实时操作系统实践内容以 RT-Thread Nano 为主。RT-Thread Nano 采用了面向对象的编程思维，具有良好的代码风格，是一款可裁剪的、抢占式实时多任务的实时操作系统。其内存资源占用极小，仅需 4 KB ROM 和 1.2 KB RAM 资源，其实现的功能包括任务处理、软件定时和实时调度等。

图 4-2 是 RT-Thread Nano 的软件框图，包含支持的 CPU 架构与内核源码以及可拆卸的 FinSH 组件。

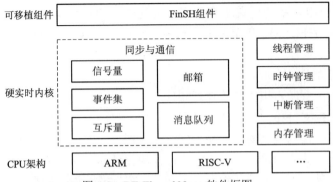

图 4-2 RT-Thread Nano 软件框图

相对于完整版的 RT-Thread，RT-Thread Nano 最典型的特点就是简单。RT-Thread Nano 不包含 Scons 构建系统，也省略了完整版特有的 device 框架和组件，仅有一个纯净的内核，因而对 RT-Thread Nano 的移植和使用也更为简单。

4.2 RT-Thread 系统移植

RT-Thread Nano 的极简特性，使其移植过程极为简单。添加 RT-Thread Nano 源码到工程，就已完成 90% 的移植工作。RT-Thread 官方提供了一个名为 RT-Thread Studio 的 IDE，在该软件中可创建基于 RT-Thread Nano 的工程。考虑该 IDE 中集成的 STM32 HAL 库版本较老，这里不推荐使用这种方式创建 RT-Thread Nano 工程。

一般而言，在 Keil MDK 和 STM32CubeMX 中都集成了 RT-Thread 软件包，仅需在图形化配置界面中勾选 RT-Thread，就可以向工程当中添加 RT-Thread 了。如果要向工程中手动添加 RT-Thread，则需要按表 4-1 中的顺序完成几个步骤才行。

表 4-1　手动添加 RT-Thread Nano 到 MDK 工程

操作步骤	说　明
下载源码	到 RT-Thread Nano 官网下载最新版本源码包，并从中提取 RT-Thread 内核文件
添加到工程	将提取出来的文件复制到工程文件夹中，在 Keil MDK 工程中创建工程分组，添加刚复制的源文件，添加工程选项头文件路径
配置 RT-Thread 选项	复制并修改 rtconfig.h 中的部分参数选项，添加必要的时钟初始化代码。
修改中断	修改 stm32f10x_it.c 中断文件中的三个重名的中断函数
创建任务	在 main() 函数主循环之前创建并启动任务

如图 4-3 所示，用 Keil MDK 软件新建工程时可以在运行管理设置窗口中添加 RT-Thread (Keil MDK 需预先安装 RealThread.RT-Thread.3.1.5.pack 组件包)。创建工程后的移植操作和表 4-1 所示相近，也需要手动设置工程包含路径，甚至需要手动创建或拷贝已有的 main.c、

stm32f4xx_it.c 等源码文件，然后再手动修改 RT-Thread 源码文件 board.c，以及添加必要的时钟初始化代码。

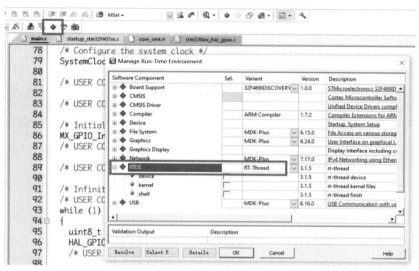

图 4-3　在 Keil MDK 中通过 RTE 管理器添加 RT-Thread

整个操作稍显复杂，幸好在 CubeMX 中可以先添加 CubeMX 的 RT-Thread 软件包，然后通过简单的鼠标点击操作就可以完成以上手动操作的相关内容。本书后续章节的示例都是用 CubeMX 添加 RT-Thread 创建的 MDK 工程，接下来将详细介绍启用了 RT-Thread 系统的 STM32 工程创建过程，具体步骤如下。

(1) 添加 RT-Thread 软件包下载地址。如图 4-4 所示，在 CubeMX 的"Embedded Software Package Manager"界面中，单击"From Url..."按钮，弹出"User Defined Packs Manager"对话框，继续在该对话框中单击"NEW"按钮，在弹出的输入框中填入 RT-Thread 软件包远程地址，如 https://www.rt-thread.org/download/cube/RealThread.RT-Thread.pdsc，然后单击"Check"按钮，最后单击"OK"按钮完成添加。

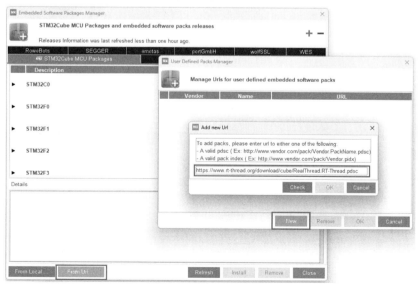

图 4-4　CubeMX 中添加 RT-Thread 软件包下载地址

(2) 下载安装 RT-Thread 软件包中间件。添加 RT-Thread 软件包下载地址后，在图 4-5 所示的 "Embedded Software Package Manager" 界面中，切换到 "Real Thread" 界面，下载安装 RT-Thread 最新版本即可。

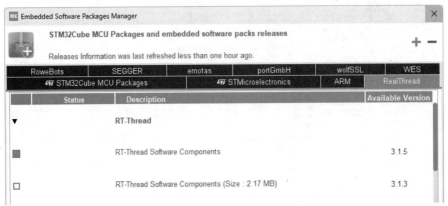

图 4-5　CubeMX 中添加 RT-Thread 中间件软件包

(3) 新建 CubeMX 工程。回到 CubeMX 启动界面(或者重启 CubeMX 软件)，选择 MCU 型号为 STM32F407VET6，新建一个工程。如图 4-6 所示，在器件视图上添加两个 LED 灯对应的输出端口(L1 对应 PE8，L2 对应 PE9)。

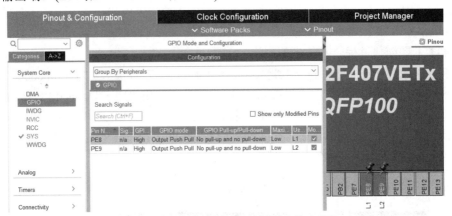

图 4-6　新建 CubeMX 工程添加两个输出引脚

然后设置左侧的 RCC 模块和 SYS 模块，如图 4-7 所示，设置外部晶振和 HAL 基准时钟源为 TIM7。

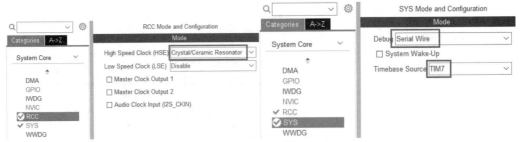

图 4-7　设置外部晶振和 HAL 基准时钟源

(4) 添加 RT-Thread 中间件到工程。如图 4-8 所示，单击当前视图上方的 "Software Packs"

按钮,选择"Select Components"项,弹出图 4-9 所示的"Software Packs Component Selector"对话框。

图 4-8　选择添加软件包菜单项

图 4-9　软件包组件选择对话框

如图 4-9 所示,勾选 RT-Thread 软件包的"RTOS kernel"组件,单击"OK"完成 RT-Thread 软件包的添加操作,之后回到 CubeMX 主界面的"Pinout & Configuration"器件视图。

展开器件视图左侧的"Software Packs"栏,选择其下的"Real Thread.RT-Thread.3.1.5"并勾选"RTOS kernel"项为项目启用 RT-Thread 系统,此时可以看到 RT-Thread 系统参数配置如图 4-10 所示。

为了能够动态创建任务且实现 RT-Thread 串口打印功能,需要在 RT-Thread 的系统参数配置中把"Using dynamic Heap Management"和"using console"两个参数都设置为 Enable,如图 4-10 中所示。

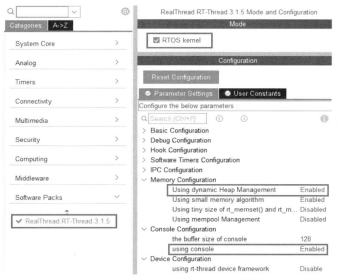

图 4-10　启用 RT-Thread 并设置参数

如图 4-11 所示，选择左侧"Connectivity"栏下的"USART1"，并设置串口 1 工作模式为"Asynchronous"异步工作模式，其他参数保持默认不变，这为 RT-Thread 系统提供串口输出功能。

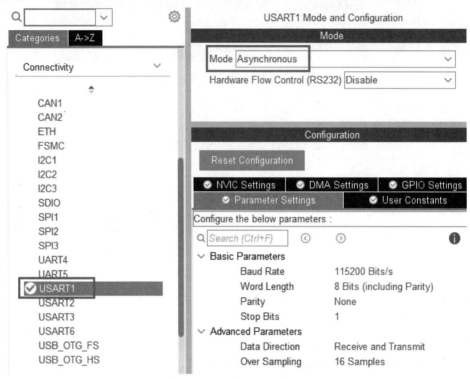

图 4-11　为 RT-Thread 串口打印功能启用串口 1

确认关闭三个相关中断的代码生成选项。展开器件视图左侧"System Core"栏目，选择其下的"NVIC"项，如图 4-12 所示，确认 Hard fault interrupt、System service call via SWI instruction、Pendable request for system service 和 System tick timer 四个中断都已关闭代码生成选项。

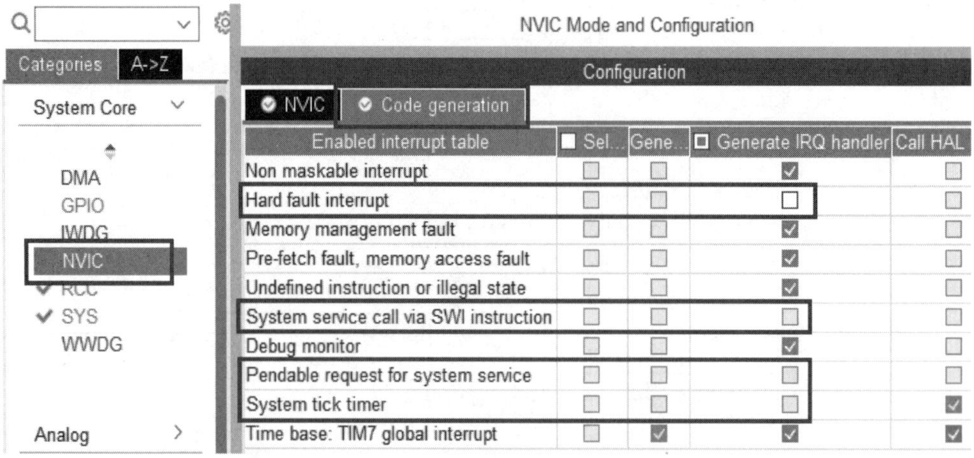

图 4-12　关闭四个系统中的中断回调函数代码生成选项

(6) 设置工程的系统时钟。在"Clock Configuration"界面中，设置系统时钟。使用 8 MHz

外部晶振，经过 PLL 倍频之后，产生 168 MHz 的 HCLK 系统运行时钟频率。

（7）导出 MDK 工程。在"Project Manager"界面中，设置导出的 MDK 工程名称为 RTT_EX01，选好导出路径，如图 4-13 所示，单击右上角的"GENERATE CODE"按钮导出 MDK 工程。

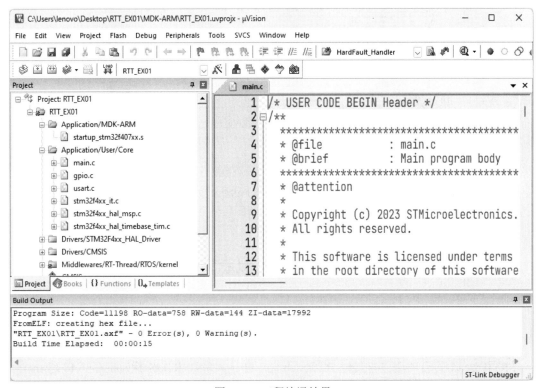

图 4-13　设置 MDK 工程名称和导出路径

（8）编译 MDK 工程。启动 Keil MDK 软件，打开导出的 RTT_EX01 工程后，主界面左侧的工程文件栏已经添加好了基于 HAL 库的完整工程源码框架和 RT-Thread 系统源码，如图 4-14 所示。直接单击工具栏上的编译按钮 ，或者按键盘快捷键 F7，编译完成后，在界面下方的输出结果栏中能看到整个工程的编译结果。

图 4-14　工程编译结果

（9）修改代码，打印信息。RT-Thread 源码 board.c 文件中的 uart_init()函数中用到的串口设备是 USART2，需要将其改为 USART1。main.c 文件中，先在开头添加 rtthread.h 头文件，然后在 main()函数的 while 循环中添加两行代码以便定时打印输出字符串信息。修改总结如表 4-2 所示。

表 4-2　示例工程修改代码总结

源码文件	修 改 说 明
board.c	第 77 行附近，在 uart_init() 函数中将 USART2 修改为 USART1
main.c	第 25 行"USER CODE BEGIN"注释行之下添加一行代码 #include "rtthread.h"
	第 100 行"USER CODE BEGIN 3"注释行之下添加两行代码 rt_kprintf("Hello RT-Thread!\n");　　// 打印字符串信息 rt_thread_delay(1000);　　　　　// 延时 1 秒

　　(10) 下载测试。修改代码且编译(参考 3.6.4 小节内容)成功后，下载程序到 STM32 学习板上，按一下 reset 按键复位运行程序。在 PC 端运行如图 4-15 所示的串口调试助手软件 (sscom5.13，下载地址：http://www.daxia.com/download/sscom.rar)，选择 Windows 系统识别出来的学习板 USB 串口，选择通信速率为 115 200 b/s，打开端口之后就可以观察到如图 4-15 所示的程序运行结果了。

图 4-15　用串口调试助手观察运行结果

4.3　RT-Thread 系统常见概念介绍

4.3.1　RT-Thread 启动流程

　　RT-Thread 的启动流程与其他 RTOS 不太一样。大多数 RTOS 启动时的入口是 main() 函数，而 RT-Thread 在 main()函数运行之前，系统已经完成了功能初始化，main()函数只是作为用户程序的入口。

　　以上一节的 RTT_EX01 工程为例，系统先从图 4-14 左侧文件列表中的启动文件 (startup_stm32f407xx.s)开始运行，然后进入 RT-Thread 的启动入口函数 rtthread_startup()，最后才进入用户入口函数 main()。整个 RT-Thread 的启动流程如图 4-16 所示。

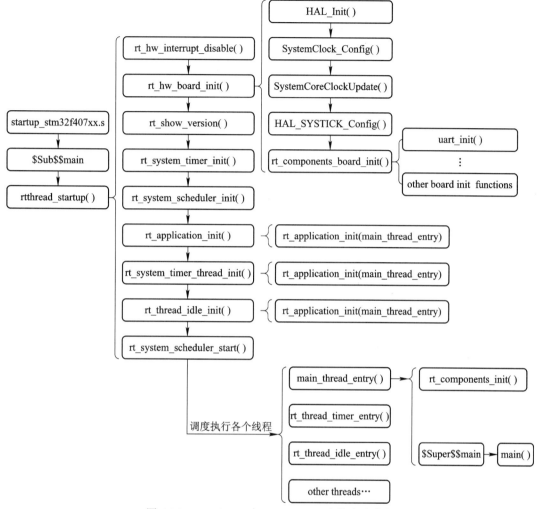

图 4-16　RT-Thread 在 STM32F407 上的启动流程

整个启动流程和普通的STM32裸机程序启动流程相比,在main()函数之前用"$Sub$$main"和"$Super$$main"这两个特殊模式插入了 RT-Thread 系统的初始化启动代码。这些启动代码如图 4-16 所示,包含板级硬件初始化、系统版本信息打印、系统定时器初始化、线程调度器初始化、(应用、定时器和空闲)线程初始化等一系列系统初始化动作。最后执行的rt_system_scheduler_start()函数,用于调度执行各个任务线程,其中就包括 RT-Thread 默认创建的 main_thread_entry()线程函数,该函数最后调用了 main.c 文件中的 main()函数。

需要注意的是,rt_hw_board_init()函数一开始就会调用 HAL_Init()、SystemClock_Config()和 SystemCoreClockUpdate()这三个函数进行系统 HAL 库、滴答定时器和时钟频率的初始化操作。而后在 rt_components_board_init()函数中会进行板级硬件的初始化操作,这其中就包含默认开启的串口打印功能对应的串口初始化。如果在 CubeMX 中配置工程外设时没有添加串口,默认导出生成的 RT-Thread 工程将会编译报错,找不到 board.c 的 uart_init()函数中用到的串口外设。同时,uart_init()函数默认是对串口 1 进行初始化配置,如果 CubeMX 中添加的是其他串口,也需要修改 uart_init()函数中的串口对象。

4.3.2 线程概念

在日常生活中，解决复杂问题时经常将其分解为小问题，然后逐个加以解决。在多线程操作系统中，同样需将复杂应用分解为可调度的小程序单元，然后合理执行任务以满足实时性能及时间的要求。例如，在一个普遍的数据采集系统中，通常将数据采集和数据输出显示任务划分为两个独立的子任务，随后，将这些子任务交由嵌入式系统进行执行。在 RT-Thread 中，这些子任务对应的程序实体就是线程。

线程作为 RT-Thread 操作系统的核心组成部分，对于实现高效有序的任务调度、灵活可管理的内存以及可扩展资源的分配起着至关重要的作用。线程相关概念包括以下几个关键部分。

(1) 线程控制块。RT-Thread 中的线程控制块(TCB)用于描述线程的属性，不仅包括线程名称、优先级、堆栈指针、入口函数指针、线程状态等信息，还包括线程与线程之间连接用的链表结构、线程等待事件集合等信息。线程控制块详细定义如下：

```
struct rt_thread {
    /* rt 对象 */
    char    name[RT_NAME_MAX];              // 线程名称
    rt_uint8_t   type;                      // 线程类型
    rt_uint8_t   flags;                     // 标志位
    rt_list_t    list;                      // 线程列表
    rt_list_t    tlist;

    /* 堆栈与入口指针 */
    void   *sp;                             // 栈指针
    void   *entry;                          // 入口函数指针
    void   *parameter;                      // 参数
    void   *stack_addr;                     // 栈地址指针
    rt_uint32_t stack_size;                 // 栈空间大小

    /* 错误代码 */
    rt_err_t   error;                       // 线程错误代码
    rt_uint8_t stat;                        // 线程状态

    /* 优先级 */
    rt_uint8_t current_priority;            // 当前优先级
    rt_uint8_t init_priority;               // 初始优先级
#if RT_THREAD_PRIORITY_MAX > 32
    rt_uint8_t   number;
    rt_uint8_t   high_mask;
```

```
#endif
    rt_uint32_t number_mask;
#if defined(RT_USING_EVENT)
    /* 线程事件 */
    rt_uint32_t event_set;
    rt_uint8_t   event_info;
#endif


    rt_ubase_t   init_tick;                          // 线程初始计数值
    rt_ubase_t   remaining_tick;                     // 线程剩余计数值
    struct rt_timer thread_timer;                    // 线程定时器
    void (*cleanup)(struct rt_thread *tid);          // 线程退出清除函数
    rt_uint32_t user_data;                           // 线程用户数据
};
```

(2) 线程栈。线程在运行过程中需要使用栈来存储局部变量、函数参数、返回地址等信息。线程栈是一种动态分配的内存区域,用于在线程创建和运行时为其分配和释放内存。对于资源相对较大的 MCU,可以在创建线程时设置较大的线程栈。例如在 CubeMX 中给 RT-Thread 设定的线程栈大小默认是 1024 B,用户可以根据应用需要手动修改其大小。

(3) 线程状态。RT-Thread 支持多种线程状态,包括初始态、就绪态、运行态、挂起态、关闭态等。线程状态迁移图如图 4-17 所示,线程创建并启动时,线程即进入就绪态。

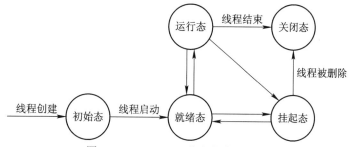

图 4-17　RT-Thread 线程状态迁移图

RT-Thread 调度线程执行时,线程状态通常都在就绪态、运行态和挂起态三个状态之间进行切换。三个状态之间的切换条件如下:

① 就绪态→运行态:发生线程切换时,就绪列表中最高优先级的线程被执行,该线程由就绪态进入运行态。

② 运行态→挂起态:当正在运行的线程发生阻塞(挂起、延时和等待信号量等操作)时,该线程的状态就会由运行态编程切换为挂起态。

③ 挂起态→就绪态:当阻塞的线程被恢复后(线程恢复、延时时间到、等待信号量超时或已经读到信号量等),此时被恢复的线程就会被加入就绪列表,因而该线程由挂起态变成就绪态;如果被恢复线程的优先级高于正在运行线程的优先级,则会发送线程切换,被恢复的线程由就绪态变成运行态。

④ 就绪态→挂起态：当执行 rt_thread_suspend()函数时，指定线程可能已进入就绪态，进而被挂起，此时该线程将转为挂起态，且其在就绪列表中将被移除。

⑤ 运行态→就绪态：当出现高优先级线程启动或恢复情况时，将触发线程调度。届时，处于就绪队列的最高优先级线程将转为运行态，而原先运行中的线程则由运行态切换为就绪态，并加入就绪列表中。

(4) 线程优先级。RT-Thread 中的线程优先级表示线程被调度的优先程度，是为了实现多任务并发执行而引入的概念，它可以帮助用户更好地管理和调度线程。线程优先级用一个整数表示，默认范围是 1～31，值越小，优先级越高。默认情况下，系统启动时应用主线程的优先级是最大值(31)的 1/3，属于一个中等优先级，而空闲线程的优先级数值最大(31)，即优先级最低。

对初学者而言，有时候不会确定如何设置线程的优先级。根据不同线程的实时性要求程度，建议按如下规则设置线程优先级。

① IRQ 线程：IRQ 线程是在中断中进行触发的线程，此类线程可以设置较高优先级，其优先级数值可以设置为 5 及 5 以下的几个数值。

② 高优先级后台线程：如按键检测、触摸检测、USB 消息处理、串口消息处理等，都可以归类为这一类线程，其优先级数值可以设置为 10 及 10 附近的几个数值。

③ 低优先级的时间片调度线程：如 GUI 界面显示、LED 数码管显示等不需要实时执行的都可以归为这一类线程，这一类线程的优先级可以是 20 及其附近的几个数值。

特别注意的是，IRQ 线程和高优先级线程必须设置为阻塞式(调用消息等待或者延时等函数)，只有这样，高优先级的线程才会释放处理器资源，从而让低优先级线程有机会运行。在实际应用中，为了避免优先级反转，应尽量避免设置过低或过高的线程优先级。

(5) 时间片。线程创建时通常需要给定一个时间片参数，该参数仅对优先级相同的线程有效。当系统对优先级相同的线程采用时间片轮转方式进行调度时，时间片参数就起到了约束线程单次运行时长的作用。时间片参数的单位是一个系统节拍(CubeMX 中 RT-Thread 的 "OS tick per second" 参数值默认 1000，即一个系统节拍为 1 ms)。当系统中仅有两个优先级相同的线程 A 和 B，且两个线程的时间片都设置为 10 时，线程 A 和 B 会交替切换执行，并且每个线程的执行时长都是 10 个节拍。

(6) 线程入口函数。入口函数是线程要运行的函数，在线程控制块中对应 entry 指针，它是线程实现预期功能的函数，由用户自行设计。入口函数一般可分为无限循环和顺序执行两种代码模式。

① 无限循环模式。通常在函数中有一个 while 死循环，在循环中包括等待事件发生以及对事件进行服务和处理的相关程序代码，其结构如下所示：

```
void thread_entry(void* para) {
    while (1) {
        /* 等待事件发生 */
        ...
        /* 事件服务和处理 */
```

```
        ...
    }
};
```

需要注意，使用无限循环模式时，不应该让该线程一直处于最高优先级占用 CPU，导致其他线程得不到执行。因此在这种模式下，通常在循环中调用延时函数或者等待事件等函数将线程主动挂起。

② 顺序执行模式。顺序执行模式包括一些简单的顺序语句或有限次循环程序代码，该模式下的线程入口函数，不会让线程永久循环执行，函数执行完毕后，线程将被系统自动删除，这类线程称为"一次性"线程。顺序执行模式其代码结构如下所示：

```
static void thread_entry(void* para) {
    /* 处理事物#1 */
    ...
    /* 处理事物#2 */
    ...
    /* 处理事物#3 */
    ...
};
```

(7) 线程错误码。RT-Thread 为每个线程配备了一个错误码变量，用于存储线程在不同执行环境下的错误码，很多线程函数的返回值就是错误码。线程错误码如表 4-3 所示。

表 4-3 RT-Thread 线程错误码

错误码名称	错误码数值	说　　明
RT_EOK	0	无错误
RT_ERROR	1	普通错误
RT_ETIMEOUT	2	超时错误
RT_EFULL	3	资源已满
RT_EEMPTY	4	无资源
RT_ENOMEM	5	无内存
RT_ENOSYS	6	系统不支持
RT_EBUSY	7	系统忙
RT_EIO	8	I/O 错误
RT_EINTR	9	中断系统调用
RT_EINVAL	10	无效参数

4.3.3　线程管理

线程管理的相关操作，通常包括创建/初始化线程、启动线程、运行线程和删除/脱离线程。RT-Thread 为线程管理提供了一系列线程函数，常用函数如表 4-4 所示。

表 4-4　RT-Thread 常用线程函数

函数名称	返 回 值	说　　明
rt_thread_init	rt_err_t 错误码	初始化静态线程对象
rt_thread_detach	rt_err_t 错误码	脱离线程
rt_thread_create	rt_thread_t 新创建的线程句柄	创建动态线程
rt_thread_delete	rt_err_t 错误码	删除动态线程
rt_thread_startup	rt_err_t 错误码	启动线程
rt_thread_self	rt_err_t 错误码	获取当前执行线程句柄
rt_thread_yield	rt_err_t 错误码	线程让出处理器资源
rt_thread_control	rt_err_t 错误码	线程控制，常用于修改线程优先级
rt_thread_delay	rt_err_t 错误码	线程睡眠指定的时钟节拍数
rt_thread_suspend	rt_err_t 错误码	线程挂起
rt_thread_resume	rt_err_t 错误码	线程恢复

1. 线程创建、启动与删除

线程只能由操作系统内核创建之后，才能成为一个可执行的实体。RT-Thread 提供了 rt_thread_init()和 rt_thread_create()两个函数，即静态与动态两种创建方式。

所谓静态创建线程方式，一般是将静态线程的线程运行栈设置为全局变量。在编译时线程就被确定并被分配内存空间，内核不负责动态分配内存空间。rt_thread_init()函数原型如下所示：

```
rt_err_t rt_thread_init(struct rt_thread *thread,
                const char   *name,
                void   (*entry)(void *parameter),
                void   *parameter,
                void   *stack_start,
                rt_uint32_t  stack_size,
                rt_uint8_t   priority,
                rt_uint32_t  tick);
```

表 4-5 给出了 rt_thread_init()函数的参数说明。

表 4-5　rt_thread_init()函数参数说明表

参　数	说　明
thread	用户定义的线程对象指针(句柄)，指向对应的线程控制块内存地址
name	线程名称，有长度限制(RT_NAME_MAX 宏)，超出将会被截断
entry	线程入口函数
parameter	线程入口函数参数(通常为 RT_NULL)
stack_start	线程栈起始地址，通常定义线程栈时需要用 ALIGN(RT_ALIGN_SIZE)进行字节对齐
stack_size	线程栈字节大小
priority	线程优先级，值越小优先级越高，范围为 0～RT_THREAD_PRIORITY_MAX－1
tick	线程时间片大小，即线程单次调度能够运行的最大节拍数

要使用 RT-Thread 的动态创建线程方式，需要先使能 RT-Thread 配置文件(rtconfig.h)中的 RT_USING_HEAP 宏定义。如果不手动修改配置文件，可以在 STM32CubeMX 中(如图 4-10 所示)将 RT-Thread 的系统参数"Using Dynamic Heap Manager"值改为 Enabled 即可。

动态创建线程时，系统会从动态堆内存中分配一个线程句柄，并按照参数中指定的栈大小从动态堆内存中分配相应的空间。

RT-Thread 线程优先级除了在创建线程时直接指定，还可以在系统运行过程中进行调整。rt_thread_create()函数原型如下所示：

```
rt_thread_t rt_thread_create(const char *name,
                void (*entry)(void *parameter),
                void    *parameter,
                rt_uint32_t stack_size,
                rt_uint8_t    priority,
                rt_uint32_t tick);
```

表 4-6 给出了该函数的参数说明。

表 4-6　rt_thread_create()函数参数说明表

参　数	说　明
name	线程名称，有长度限制(RT_NAME_MAX 宏)，超出将会被截断
entry	线程入口函数
parameter	线程入口函数参数(通常为 RT_NULL)
stack_size	线程栈字节大小
priority	线程优先级，值越小优先级越高，范围为 0～RT_THREAD_PRIORITY_MAX - 1
tick	线程时间片大小，即线程单次调度能够运行的最大节拍数

对比两个函数的原型，要注意的是，rt_thread_t 类型是指针类型，它指向 rt_thread 结构体类型的线程对象。rt_thread_init()函数的返回值是 rt_err_t 类型的错误码，返回 RT_EOK，表示线程创建成功。rt_thread_create()函数的返回值是 rt_thread_t 类型的线程对象指针(句柄)，返回指针非空(不是 RT_NULL)，即表示线程创建成功。

线程创建之后其状态处于初始状态，并未进入就绪线程的调度队列，要让线程代码得以执行，还需要调用 rt_thread_startup()函数让线程启动，使之进入就绪状态。如果该函数启动的线程优先级比当前优先级高，将立即切换到这个新线程。

线程删除也分 rt_thread_detach()和 rt_thread_delete()两个函数。rt_thread_detach()函数称为线程脱离函数，用于将 rt_thread_init()初始化的线程从线程队列和内核对象管理器中脱离。rt_thread_delete()函数称为线程删除函数，用于将 rt_thread_create()动态创建的线程对象移出线程队列，并从内存对象管理器中删除。两个线程删除函数，都要和各自对应的线程创建函数匹配，不能混用。

2. 线程控制

rt_thread_self()函数用于获得当前执行的线程句柄，如某段代码被多个线程调用执行，且需对当前执行线程进行特定处理，此时就可以通过 rt_thread_self()函数获取当前线程句柄，而后再执行相应的线程控制操作。

rt_thread_yield()函数用于主动让出处理器资源。调用该函数后，当前线程从所在的就绪优先级线程队列中删除，然后将待执行的线程挂到该优先级队列链表尾部，最后由调度器切换其他线程执行。

大多数应用中，经常需要让当前运行的线程延迟一段时间，然后在指定时间到达后继续运行。如表 4-7 所示，RT-Thread 提供了 3 个函数实现这种"线程睡眠"(延时)功能。

表 4-7　线程睡眠(延时)函数

函数名称	说　　明
rt_err_t rt_thread_sleep	线程睡眠(延时)指定 tick 个数的系统节拍
rt_err_t rt_thread_delay	等同于 rt_thread_sleep()函数
rt_err_t rt_thread_mdelay	线程睡眠(延时)指定毫秒时间

rt_thread_mdelay()函数的参数是毫秒数，前两个函数的参数是节拍数，当 RT-Thread 系统配置中的 RT_TICK_PER_SECOND 宏数值为 1000 时，一个系统节拍时钟周期就是 1 ms，这时表 4-7 中的 3 个函数效果就是一样的。

除了上述让出和睡眠操作，rt_thread_control()函数还提供了动态更改优先级、启动运行和关闭运行等控制操作。其中最常见的就是动态更改线程优先级操作，示例如下：

```
rt_thread_control(thread,                          // 线程句柄
                  RT_THREAD_CTRL_CHANGE_PRIORITY,  // 控制命令
                  (void*)(RT_THREAD_PRIORITY_MAX/2));  // 目标优先级
```

上述示例将参数 thread 线程句柄对应的线程优先级调整为最大优先级一半的数值。

3. 线程挂起和恢复

通常在一个线程中，当调用 rt_thread_delay()时，当前线程将主动挂起；当调用 rt_sem_take()、rt_mq_recv()等函数且对应资源不可用时，也将导致当前线程挂起。而如果想在当前线程中挂起另一个线程，可以使用 rt_thread_suspend()函数将指定线程挂起；对应地，如果想在当前线程中恢复另一个挂起的线程，可以使用 rt_thread_resume()函数将指定线程恢复使之进入就绪态，若恢复的线程优先级最高，则恢复的线程将被立即执行。

下面中的示例代码演示了如何使用 rt_thread_suspend()和 rt_thread_resume()函数来挂起和恢复线程：

```c
#include <rtthread.h>
static void thread_entry(void *parameter) {      // 线程入口函数
    uint32_t tick = 0;
    while (1) {                                    // 每隔 200 ms 打印系统节拍计数值
        uint32_t ct = rt_tick_get();
        if (ct >= tick) {
            tick = ct + 200;
            rt_kprintf("rt-tick: %d\n", ct);
        }
        rt_thread_delay(1);                        // 睡眠 1ms，释放 CPU 资源给低优先级任务
    }
}
int main(void) {
    // 创建 example 线程
    rt_thread_t thread = rt_thread_create("example", thread_entry, RT_NULL,
                            1024, RT_THREAD_PRIORITY_MAX / 2, 20);
    if (thread != RT_NULL)
        rt_thread_startup(thread);                 // 启动线程

    rt_thread_delay(1000);                         // 延时 1 s 后挂起线程
    rt_thread_suspend(thread);
    rt_thread_delay(1000);                         // 延时 1 s 后恢复线程
    rt_thread_resume(thread);
    rt_thread_delay(1000);                         // 延时 1 s 后再次挂起线程
    rt_thread_suspend(thread);
    return 0;
}
```

上述示例中，RT-Thread 的 main 主线程中，创建了一个名为 example 的线程。在 example 线程入口函数中有一个 while 循环在定时打印系统节拍计数值。

main 主线程创建并启动 example 线程后，开始不停有字符串打印输出。延时 1 s 之后，main 主线程调用了 rt_thread_suspend()函数并将 example 线程挂起，字符串打印输出停止。再延时 1 s 后，调用 rt_thread_resume()函数恢复了被挂起的 example 线程，字符串打印输出又出现了。打印输出 1 s 后，main 主线程又把 example 线程挂起了，字符串打印输出停止。整个程序运行结果如图 4-18 所示。

```
  \ | /
- RT -     Thread Operating System
 / | \     3.1.5 build Jul 19 2023
 2006 - 2020 Copyright by rt-thread team
rt-tick: 2
rt-tick: 202
rt-tick: 402
rt-tick: 602
rt-tick: 802
rt-tick: 2002
rt-tick: 2202
rt-tick: 2402
rt-tick: 2602
rt-tick: 2802
```

图 4-18　线程挂起和恢复示例运行结果

4.3.4　时钟管理

1. 时钟节拍

任何操作系统都需要提供一个时钟节拍(OS Tick)，以供系统处理所有与时间有关的事件，如延时、时间片轮转调度和定时器超时等。时钟节拍是特定的周期性中断，这个中断又被称为"系统心跳"，中断的时间间隔一般默认为 1 ms。

RT-Thread 系统接管了 STM32 的 SysTick 滴答定时器中断并将其作为系统时钟节拍。每当中断到来，将调用一次 rt_tick_increase()函数，通知操作系统已过去一个系统时钟。在 rt_tick_increase()函数中，系统时间计数加 1，检查当前线程时间片是否用完，以及是否有定时器超时。

从系统启动并开始计数的时钟节拍数称为系统时间，可通过 rt_tick_get()函数获取当前的系统时间。图 4-18 对应代码，example 线程的入口函数就使用了 rt_tick_get()函数来实现 200ms 的定时打印输出功能。rt_tick_get()函数原型如下：

rt_tick_t rt_tick_get(void);

该函数返回值是一个无符号长整型数值，图 4-18 对应代码中定义了两个变量 tick 和 ct，变量 tick 用于存放下次要检测的打印输出时间，变量 ct 用于存放当前读取的系统时间。如果当前系统时间达到或超过检测时间，那么就打印输出一次，并且更新变量 tick 的值。

根据上述方法，使用系统时间也可以做到和使用 rt_thread_delay()函数类似的延时效果。不同之处在于，使用 rt_tick_get()检测当前系统时间是否达到或超时，虽然需要额外定义变量，但不会将当前线程挂起，不影响同线程中的其他顺序操作。而使用 rt_thread_delay()将会挂起当前线程，如果线程睡眠时间过长，将会导致同线程的其他顺序操作响应不及时。

2. 定时器

除了系统时钟节拍，RT-Thread 系统还提供定时器功能。不同于 STM32 的硬件定时器，

RT-Thread 的定时器是由操作系统提供的软件定时器，其定时时间是整数个时钟节拍的时间长度。RT-Thread 定时器有两种，一种是单次触发定时器，这种触发定时器启动后只会触发一次定时器事件，然后定时器自动停止。另一种是周期触发定时器，这种触发定时器启动后会周期性触发定时器事件，直到用户主动停止定时器，否则将永远执行下去。

还有一点要注意的是，根据超时函数执行时所处的上下文环境，RT-Thread 的定时器可以分为 HARD_TIMER 模式与 SOFT_TIMER 模式。这两种模式的区别在于，当定时器超时时刻到来时，HARD_TIMER 模式的超时函数在 SysTick 定时中断服务函数中被调用执行，而 SOFT_TIMER 模式的超时函数在 RT-Thread 的系统定时器线程中被调用执行。

要注意的是，创建定时器时通常默认的是 HARD_TIMER 模式，定时器超时函数执行代码应尽量简短，函数中不要添加大计算量的复杂操作，也不应该调用任何会让当前线程挂起的函数(如延时函数)。如果需要定时到来时进行延时或耗时较长的复杂动作，建议使用 SOFT_TIMER 模式。相对而言，HARD_TIMER 模式定时精度较高，但是限制较大；而 SOFT_TIMER 模式定时精度稍低，但是更为灵活。

另外，如果要使用 SOFT_TIMER 模式，还需要先在 rtconfig.h 配置文件中使能 RT_USING_TIMER_SOFT 这个宏定义，或者在 STM32CubeMX 的 RT-Thread 系统参数设置中，将"Software Timers Configuration"下的"Enable user timers"项设置为 Enabled。

RT-Thread 的定时器相关操作函数如表 4-8 所示。

表 4-8　RT-Thread 定时器相关函数

函数名称	返　回　值	说　　明
rt_timer_init	无	初始化定时器
rt_timer_detach	rt_err_t 错误码	脱离定时器
rt_timer_create	新创建的 rt_timer_t 定时器句柄	创建定时器
rt_timer_delete	rt_err_t 错误码	删除定时器
rt_timer_start	rt_err_t 错误码	启动定时器
rt_timer_stop	rt_err_t 错误码	停止定时器
rt_timer_control	rt_err_t 错误码	控制定时器

定时器操作包括创建/删除定时器、初始化/脱离定时器、启动/停止定时器和控制定时器这几个操作，较为常用的函数是 rt_timer_create()、rt_timer_start()和 rt_timer_stop()这几个函数。

rt_timer_create()函数原型如下：

```
rt_timer_t rt_timer_create(const char *name,
              void (*timeout)(void *parameter),
              void *parameter,
              rt_tick_t    time,
              rt_uint8_t   flag);
```

rt_timer_creat()函数的参数说明如表 4-9 所示。

表 4-9　rt_timer_create()函数参数说明表

参　数	说　明
name	定时器的名称
timeout	定时器超时函数指针，每当定时器超时，系统会调用该函数指针
parameter	定时器超时函数的入口参数
time	定时器超时时间，默认时间单位为 ms
flag	定时器创建的模式参数

rt_timer_create()函数的返回值是 rt_timer_t 类型的定时器对象指针(句柄)，后续的启动、停止和控制操作都需要用到该句柄以指定要操作的定时器。如果返回值为 RT_NULL(空指针)，则表示创建定时器失败。

定时器超时函数的定义如下所示，需要定义一个 void *类型的参数，不需要返回值：

```
static void timeout(void *parameter)
{
        rt_kprintf("Timeout!\n");            // 定时打印输出字符串
}
```

创建定时器时通常需指定定时器的触发模式是单次触发(RT_TIMER_FLAG_ONE_SHOT)或是周期触发(RT_TIMER_FLAG_PERIODC)。如果创建的定时器是 SOFT_TIMER 模式的定时器，flag 参数还需要加上一个对应的宏(RT_TIMER_FLAG_SOFT_TIMER)。

配合上述定时器超时函数，创建一个 100 ms 的周期性定时器，其超时函数为 timeout()函数，示例代码如下：

```
rt_timer_t timer1 = rt_timer_create("timer1",            // 定时器名称
                    timeout,                             // 定时器超时函数名称
                    RT_NULL,                             // 超时函数参数为空
                    100,                                 // 100 ms 定时间隔
                    RT_TIMER_FLAG_PERIODIC);             // 周期性定时
```

下面的示例代码演示了 RT-Thread 定时器的简单应用：

```
#include <rtthread.h>
static void timeout1(void *para) {              // 定时器 1 的超时函数
    uint32_t ct = rt_tick_get();
    rt_kprintf("Current tick is %d\n", ct);      // 每次超时打印当前系统时间
    if (ct >= 1000) {                            // 如果系统时间超过 1 s
    rt_timer_t tt = *(rt_timer_t *)para;         // 根据参数获取定时器 1 句柄
    rt_timer_stop(tt);      // 停止定时器 1
    rt_kprintf("Timer was stopped!\n");
    }
}
```

```
static void timeout2(void *para) {              // 定时器 2 的超时函数
    rt_kprintf("Timeout at %d\n", rt_tick_get()); // 打印当前系统时间
}

int main(void) {
    rt_timer_t timer1, timer2;                  // 定义两个定时器句柄
    // 创建 100 ms 间隔的周期性定时器 1
    timer1 = rt_timer_create("timer1", timeout1,
                        &timer1,            // 将 timer1 变量地址作为超时函数的参数
                        100, RT_TIMER_FLAG_PERIODIC);
    if (timer1 != RT_NULL) rt_timer_start(timer1);

    // 创建 500 ms 间隔的一次性定时器 2
    timer2 = rt_timer_create("timer2", timeout2, RT_NULL,
            500, RT_TIMER_FLAG_ONE_SHOT);
    if (timer2 != RT_NULL) rt_timer_start(timer2);

    // 等待定时器超时
    while (1) {
        rt_thread_delay(1);
    }
    return 0;
}
```

上述示例中，RT-Thread 的 main 主线程，创建了两个定时器，第一个为周期性定时器 1，每隔 100 ms 调用一次超时函数打印当前系统时间，如果系统时间超过 1 s，则停止该定时器并结束打印。第二个为一次性定时器 2，在启动定时器之后 500 ms 时将调用超时函数打印一次当前系统时间。整个程序运行结果如图 4-19 所示。

```
 \ | /
- RT -     Thread Operating System
 / | \     3.1.5 build Jul 20 2023
 2006 - 2020 Copyright by rt-thread team
Current tick is 102
Current tick is 202
Current tick is 302
Current tick is 402
Timeout at 502
Current tick is 502
Current tick is 602
Current tick is 702
Current tick is 802
Current tick is 902
Current tick is 1002
Timer was stopped!
```

图 4-19　定时器示例运行结果

从图 4-19 的运行结果中可以看到，定时器 1 打印了 10 次系统时间，前后两次打印的系统时间间隔都是 100 ms，定时精度还是比较精确的。定时器 2 也在启动 500 ms 后打印了一行信息。如果把 timer1 创建时的 flag 参数再加上 RT_TIMER_FLAG_SOFT_TIMER 宏，修改代码如下所示：

```
// 创建 100 ms 间隔的周期性定时器 1
timer1 = rt_timer_create("timer1", timeout1,
                            &timer1,            // 将 timer1 变量地址作为超时函数的参数
                            100,
            RT_TIMER_FLAG_PERIODIC | RT_TIMER_FLAG_SOFT_TIMER);
```

设置 timer1 定时器为 SOFT_TIMER 模式，那么其定时精度就会变差，结果如图 4-20 所示。从图 4-20 中可以看到，定时器 1 每两次打印的系统时间差为 102 ms。

```
 \ | /
- RT -       Thread Operating System
 / | \       3.1.5 build Jul 20 2023
 2006 - 2020 Copyright by rt-thread team
Current tick is 102
Current tick is 204
Current tick is 306
Current tick is 408
Timeout at 502
Current tick is 510
Current tick is 612
Current tick is 714
Current tick is 816
Current tick is 918
Current tick is 1020
Timer was stopped!
```

图 4-20　SOFT_TIMER 模式定时器示例运行结果

4.3.5　线程间同步

在多任务实时系统中，大多数复杂的工作都需要通过多个任务(线程)协调共同完成。线程同步是指多个线程通过特定的机制来控制线程之间的执行顺序，即在线程之间通过同步建立起顺序执行的关系。

例如，在一个数据采集应用中，定义了一个全局变量数组，用来存储采集的传感器数据；创建了一个数据采集线程，负责读取传感器数据并将其写入全局变量数组中；创建了一个显示线程，负责将数组中的数据输出到显示屏上。两个线程都会访问同一个数组，为了防止出现数据访问差错，两个线程访问的动作必须是互斥进行的，即在一个线程对数组的读写操作完成之后，才允许另一个线程去操作，这样数据采集和显示线程才能正常配合完成工作。

线程的同步方式有很多种，其核心思想都是在访问同一块区域(代码)，亦即访问临界区的时候，只允许一个线程执行。RT-Thread 的线程同步方式主要包括使用信号量(Semaphore)、互斥量(Mutex)或事件集(Event)。

如图 4-21 所示，STM32CubeMX 的 RT-Thread 组件包中默认仅开启了使用信号量的功

能，要使用线程同步和线程通信的其他功能都需要手动设置以便开启对应功能，或者在 rtconfig.h 配置文件中手动修改，使能对应功能的宏定义。

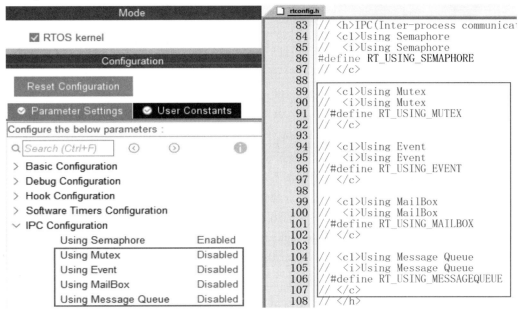

图 4-21　RT-Thread 工程的 IPC 默认配置

本章后续内容示例演示线程同步或线程间通信前，建议在 STM32CubeMX 中把 RT-Thread 的 IPC 配置项都设置为 Enabled。

1. 信号量

信号量是一种轻型的用于解决线程间同步问题的内核对象，线程可以获取或释放它，从而达到同步或互斥的目的。RT-Thread 系统常见的信号量操作函数如表 4-10 所示。

表 4-10　RT-Thread 信号量操作函数

函数名称	返 回 值	说　明
rt_sem_init	rt_err_t 错误码	初始化信号量
rt_sem_detach	rt_err_t 错误码	脱离信号量
rt_sem_create	rt_sem_t 新创建的信号量句柄	创建信号量
rt_sem_delete	rt_err_t 错误码	删除信号量
rt_sem_take	rt_err_t 错误码	获取信号量
rt_sem_trytake	rt_err_t 错误码	无等待获取信号量
rt_sem_release	rt_err_t 错误码	释放信号量

与之前的线程和定时器类似，rt_sem_init()/rt_sem_detach()函数和 rt_sem_create() /rt_sem_delete()函数分别对应静态初始化/脱离信号量和动态创建/删除信号量。对于静态信号量对象，它的内存空间在编译时期就已分配，而动态创建信号量则是系统从对象管理器中动态分配并初始化信号量。

动态创建信号量的函数原型如下所示：

```
rt_sem_t rt_sem_create(const char *name,        // 信号量名称
                        rt_uint32_t value,       // 信号量初始值
                        rt_uint8_t flag);        // 多线程等待方式
```

创建信号量时需要指定信号量名称、初始值和多线程等待方式，其中 flag 参数表示的等待方式有 RT_IPC_FLAG_FIFO 和 RT_IPC_FLAG_PRIO 两种，分别对应先入先出和优先级等待方式。

rt_sem_create()函数的返回值为 rt_sem_t 类型的信号量对象指针(句柄)，后续的信号量获取、释放和删除操作都需要用到对应的信号量句柄。如果返回的信号量句柄为 RT_NULL，即表示信号量创建失败，后续信号量操作不可用。

线程通过获取信号量来获得信号量资源实例，当信号量数值大于 0 时，线程将获得信号量，并且相应的信号量数值减 1。表 4-10 中的 rt_sem_take()函数和 rt_sem_trytake()函数都用于获取信号量，区别在于 rt_sem_take()函数需要指定等待时间，如果当前信号量资源实例不可用，申请该信号量的线程将在等待期间内挂起自身线程。如果等待时间内依然得不到信号量，rt_sem_take()函数将返回 RT_ETIMEOUT 错误码。rt_sem_trytake()函数适用于用户不想在申请信号量时挂起线程。其实 rt_sem_trytake()函数与 rt_sem_take()指定等待时间为 0 的作用相同，如果当前信号量资源实例不可用，函数将立即返回 RT_ETIMEOUT 错误码。

下面的示例代码演示了 RT-Thread 信号量的简单应用：

```
#include <rtthread.h>
static rt_sem_t sem = RT_NULL;                    // 定义信号量句柄
static void thread_entry(void* para) {            // 线程入口函数
    while (1) {
        rt_sem_take(sem, RT_WAITING_FOREVER);     // 获取信号量，无限等待
        for (int i = 0; i < 10; ++i) {            // 顺序打印数字 0~9
            rt_kprintf("%d", i);
            rt_thread_delay(10);                  // 延时 10 ms
        }
        rt_kprintf("\n");                         // 打印换行符
        rt_sem_release(sem);                      // 释放信号量
    }
}

int main(void) {
    // 创建信号量，初始值设置为 1，线程等待方式为先入先出
    sem = rt_sem_create("sem", 1, RT_IPC_FLAG_FIFO);
    if (RT_NULL == sem) {
        rt_kprintf("create sem error!\n");
```

```
            return 1;
        }

    // 创建 example 线程，其优先级比主线程低
    rt_thread_t thread = rt_thread_create("example",
                                thread_entry, RT_NULL, 1024,
                                RT_THREAD_PRIORITY_MAX / 2,    10);

    // 启动线程
    if (thread != RT_NULL)    rt_thread_startup(thread);

    while(1) {
        rt_sem_take(sem, RT_WAITING_FOREVER);          // 获取信号量
        for (int i = 9; i >= 0; --i) {                 // 倒序打印数字 0～9
            rt_kprintf("%d", i);
            rt_thread_delay(10);                       // 延时 10 ms
        }
        rt_kprintf("\n");                              // 打印换行符
        rt_sem_release(sem);                           // 释放信号量
    }

    return 0;
}
```

上述示例在 main 主线程中创建了一个 sem 信号量和一个 example 线程。启动 example 线程后，两个线程都是在 while 循环开始获取 sem 信号量，然后打印字符串，打印结束后再释放信号量。因为 main 主线程默认优先级(RT_THREAD_PRIORITY_MAX/2)比 example 线程优先级高，所以先由主线程获取 sem 信号量，而 example 线程挂起等待信号量。

当主线程打印字符串"9876543210"并释放信号量后，example 线程立即获取信号量，主线程则挂起等待信号量。

当 example 线程打印字符串"0123456789"并释放信号量后，主线程立即获取信号量，example 线程则挂起等待信号量。

两个线程由此交替执行，轮流打印字符串的工作状态。程序运行结果如图 4-22 所示。

```
 \ | /
- RT -     Thread Operating System
 / | \     3.1.5 build Jul 20 2023
 2006 - 2020 Copyright by rt-thread team
9876543210
0123456789
9876543210
0123456789
9876543210
0123456789
9876543210
0123456789
9876543210
```

图 4-22　信号量示例程序运行结果

若不使用信号量进行线程同步，可将上述示例程序中线程入口函数和 main() 主函数中 while 循环内的信号量获取的代码行作为注释，部分代码修改如下：

```
static void thread_entry(void* para) {                        // 线程入口函数
    while (1) {
//      rt_sem_take(sem, RT_WAITING_FOREVER);   // 注释信号获取行代码
...

int main(void) {
    ...
    while(1) {
//      rt_sem_take(sem, RT_WAITING_FOREVER);   // 注释信号获取行代码
    ...
```

重新编译运行，程序运行结果如图 4-23 所示，由图可以看到两个任务的输出字符串混杂在一起了。

```
     \ | /
 - RT -     Thread Operating System
   / | \       3.1.5 build Jul 20 2023
 2006 - 2020 Copyright by rt-thread team
90817263544536271809
9
0817263544536271809
9
0817263544536271809
9
0817263544536271809
9
0817263544536271809
```

图 4-23　不使用信号量时程序运行结果

信号量除了用于示例中的线程同步外，还可用于中断与线程同步。当某个中断触发，中断服务程序需要通知线程进行相应的数据处理时，可通过使用信号量实现中断和线程同步。首先创建信号量时设置初始值为 0，然后在线程中获取信号量，让线程挂起，当中断触发时，中断服务程序中释放信号量即唤醒了对应的线程以进行后续的数据处理。

信号量也可以用于资源计数，典型的应用场景如停车场停车，当停车场中有多个车位时，信号量的初始值设置为停车场最大车位数，每次停进或离开一辆车，信号量计数对应减 1 或加 1 操作。当连续停进车辆，信号量减到 0 时表示停车场车位已满，此时再次停进车辆则需要等待停车场内的车辆离开让信号量加 1 了。

2. 互斥量

互斥量是一种特殊的二进制信号量，它和信号量主要区别在于，互斥量引入了优先级继承机制，而信号量没有。这里以使用信号量对某个临界资源的访问保护为例进行介绍。若该资源正由一低优先级线程 A 使用，此时的信号量处于闭锁状态，即释放信号量之前，其他线程不能获取到该信号量，当高优先级线程 C 想要访问该资源时，由于线程 C 无法获取信号量，高优先级任务将陷入阻塞状态。如果此时还有另一个优先级介于 A、C 线程之间的线程 B 还在运行，那么在线程 B 让出处理器资源之前，高优先级线程 C 一直无法得到

执行，这种情况叫信号量优先级翻转，其示意图如图 4-24 所示。

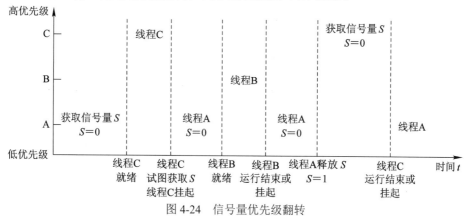

图 4-24　信号量优先级翻转

对于这种情况，当用互斥量替代信号量进行临界资源的访问保护时，系统将临时提高当前持有互斥量的线程 A 的优先级，使之与线程 C 优先级相当，让线程 A 得以先释放互斥量，而后高优先级线程 C 比线程 B 优先执行，这个过程即为互斥量优先级继承，其示意图如图 4-25 所示。

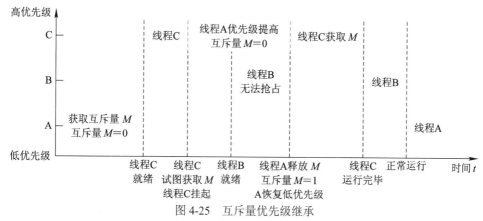

图 4-25　互斥量优先级继承

RT-Thread 系统常见的互斥量操作函数如表 4-11 所示。

表 4-11　RT-Thread 互斥量操作函数

函数名称	返 回 值	说　明
rt_mutex_init	rt_err_t 错误码	初始化互斥量
rt_mutex_detach	rt_err_t 错误码	脱离互斥量
rt_mutex_create	rt_mutex_t 新创建的互斥量句柄	创建互斥量
rt_mutex_delete	rt_err_t 错误码	删除互斥量
rt_mutex_take	rt_err_t 错误码	获取互斥量
rt_mutex_release	rt_err_t 错误码	释放互斥量

对比表 4-10 和表 4-11 可知，互斥量的创建、删除、获取和释放等操作和信号量的极其相似，毕竟互斥量也是一种信号量。区别在于，互斥量在初始化的时候，永远都是开锁状态，即互斥量初始值永远为 1。因此互斥量的初始化和创建函数的参数列表对比信号量的要少一个初始值参数，两个函数的原型分别如下：

> rt_err_t rt_mutex_init(rt_mutex_t mutex, const char *name, rt_uint8_t flag);
> rt_mutex_t rt_mutex_create(const char *name, rt_uint8_t flag);

要特别注意，互斥量不能在中断服务函数中使用，而信号量可以。因此互斥量更适合用于以下情况：① 线程多次递归持有临界资源时使用互斥量可防止死锁；② 多个优先级不同的线程同步，使用互斥量可防止优先级翻转。

3. 事件集

RT-Thread 中，使用事件集也是一种线程同步方式，一个事件集可以包含多个事件，使用事件集可以实现一对多、多对多的线程间同步。RT-Thread 的事件集用一个 32 位无符号整型变量来表示，变量的每一位代表一个事件，线程通过逻辑与或操作将一个或多个事件关联起来，形成了多个事件的组合。事件集有如下特点：

(1) 事件只与线程相关，事件间相互独立。每个线程可拥有 32 个事件标志。

(2) 事件仅用于线程同步，不提供数据传输功能(特别是传输数值 0)

(3) 事件无排队特性，在线程还未读取该事件前，多次向线程发送同一事件等同于只发送一次。

RT-Thread 系统常见的事件集操作函数如表 4-12 所示。

表 4-12   RT-Thread 事件集操作函数

函数名称	返 回 值	说 明
rt_event_init	rt_err_t 错误码	初始化事件集
rt_event_detach	rt_err_t 错误码	脱离事件集
rt_event_create	rt_event_t 新创建的事件集对象句柄	创建事件集
rt_event_delete	rt_err_t 错误码	删除事件集
rt_event_send	rt_err_t 错误码	发送事件
rt_event_recv	rt_err_t 错误码	接收事件

rt_event_init()和 rt_event_create()两个函数的原型如下：

> rt_err_t rt_event_init(rt_event_t event, const char *name, rt_uint8_t flag);
> rt_event_t rt_event_create(const char *name, rt_uint8_t flag);

其中的 flag 参数有 RT_IPC_FLAG_FIFO 和 RT_IPC_FLAG_PRIO 两个值可选，用法和之前的信号量与互斥量的类似。

rt_event_send()和 rt_event_recv()两个函数的原型如下：

```
rt_err_t rt_event_send(rt_event_t event, rt_uint32_t set);    // 发送事件
rt_err_t rt_event_recv(rt_event_t event,                      // 事件集对象句柄
                rt_uint32_t  set,                             // 待接收事件集合
                rt_uint8_t   opt,                             // 接收选项
                rt_int32_t   timeout,                         // 指定接收超时时间
                rt_uint32_t *recved);                         // 指向接收到的事件
```

rt_event_recv()函数的 set 参数表示接收线程感兴趣的事件集合，opt 参数用来选择接收事件处理方式，其可选值如下所示：

```
#define RT_EVENT_FLAG_AND 0x01       // 事件集合逻辑与
#define RT_EVENT_FLAG_OR 0x02        // 事件集合逻辑或
#define RT_EVENT_FLAG_CLEAR 0x04     // 读完事件后清除事件标志
```

rt_event_recv()接收事件时，RT-Thread 内核通过指定的 opt 参数选择如何激活线程，使用"逻辑与"参数，表示只有当所有等待的事件都发生时才激活线程，而使用"逻辑或"参数，则表示只要有一个等待事件发生就激活线程。

下面的示例代码演示了 RT-Thread 事件集的简单应用：

```
#include <rtthread.h>
static rt_event_t event = RT_NULL;             // 定义事件集对象句柄
static void thread_entry(void* para) {         // 线程入口函数
    uint32_t flag = 0;
        while (1) {                            // 每隔 100 ms 发送一次事件
            rt_event_send(event, flag++);      // 变量 flag 的值作为事件集合内容
            rt_thread_delay(100);
        }
    }
}

int main(void) {
    // 创建事件集
    event = rt_event_create("event", RT_IPC_FLAG_FIFO);
    if (RT_NULL == event) {
        rt_kprintf("create event error!\n");
        return 1;
    }

    // 创建 example 线程
    rt_thread_t thread = rt_thread_create("example",
```

```
                                    thread_entry, RT_NULL, 1024,
                                    RT_THREAD_PRIORITY_MAX / 2,    10);


   // 启动线程
   if (thread != RT_NULL)    rt_thread_startup(thread);


   while(1) {
      uint32_t flags = 0;
      rt_err_t res = rt_event_recv(event,                        // 接收事件集 event 对象句柄
                         0xFFFF,                                 // 对所有事件都感兴趣
                         RT_EVENT_FLAG_OR |                      // 收到任一事件即可激活线程
                         RT_EVENT_FLAG_CLEAR,                    // 清除已读取的事件
                         RT_WAITING_FOREVER,                     // 无限等待
                         &flags);                                // 接收事件存放到变量 flags 中
      if (res == RT_EOK)                                         // 如果接收事件成功
         rt_kprintf("Time:%d, Event:%d\n",
                  rt_tick_get(), flags);                         // 打印接收时间和事件内容

   }

   return 0;
}
```

　　上述示例在 main 主线程中创建了一个 event 事件集和一个 example 线程。启动 example 线程后，example 线程每次间隔 100 ms 发送一次事件到 event。main 主线程则在 while 循环中一直等待 event 中的接收事件，每次接收成功即打印系统时间和接收的事件内容。程序运行结果如图 4-26 所示。

```
  \ | /
 - RT -      Thread Operating System
  / | \         3.1.5 build Jul 23 2023
 2006 - 2020 Copyright by rt-thread team
Time:102, Event:1
Time:203, Event:2
Time:304, Event:3
Time:405, Event:4
Time:506, Event:5
Time:607, Event:6
Time:708, Event:7
Time:809, Event:8
```

图 4-26　事件集应用示例程序运行结果

　　查看上述代码，example 线程第一次发送事件时，flag 变量值为 0，但是图 4-26 中打印

输出的事件内容并没有 0 这个结果。因此，事件集应用时要注意其并不能用于包含数值 0 的数据传输。

4.3.6　线程间通信

在计算机程序设计中，经常会使用全局变量进行功能间的通信，以实现全局功能的通信协作目的。RT-Thread 中提供了更多的通信工具以便在不同的线程间传递信息，接下来本节将介绍使用邮箱和消息队列这两种线程间通信方法。

1. 邮箱

使用邮箱是嵌入式实时操作系统中一种典型的线程间通信方法，例如带有按键的某些应用，可以将按键扫描功能独立到一个线程中实现，然后将扫描得到的按键状态作为邮件发送到邮箱，其他线程则从邮箱中读取邮件，从而获得按键状态并进行后续操作。

非阻塞方式的邮件发送能安全地应用于中断服务中，是线程、中断服务、定时器向线程发送消息的有效手段。邮件的接收过程通常是阻塞式的，当邮箱中没有邮件且设置的接收超时时间不为 0 时，邮件的接收过程将会发生阻塞，这也就意味着邮件的接收通常都在线程中进行。

RT-Thread 系统常见的邮箱操作函数如表 4-13 所示。

表 4-13　RT-Thread 邮箱操作函数

函数名称	返 回 值	说　　明
rt_mb_init	rt_err_t 错误码	初始化邮箱
rt_mb_detach	rt_err_t 错误码	脱离邮箱
rt_mb_create	rt_mailbox_t 新创建的邮箱句柄	创建邮箱
rt_mb_delete	rt_err_t 错误码	删除邮箱
rt_mb_send	rt_err_t 错误码	发送邮件
rt_mb_send_wait	rt_err_t 错误码	等待方式发送邮件
rt_mb_recv	rt_err_t 错误码	接收邮件

rt_mb_init()和 rt_mb_create()两个函数的原型分别如下：

```
rt_err_t rt_mb_init(rt_mailbox_t mb,          // 邮箱对象句柄
                    const char *name,          // 邮箱名称
                    void *msgpool,             // 邮箱缓冲区指针
                    rt_size_t size,            // 邮箱容量(容纳的邮件个数)
                    rt_uint8_t flag);          // IPC 标志(FIFO 或 PRIO)
rt_mailbox_t rt_mb_create(
                    const char *name,          // 邮箱名称
                    rt_size_t size,            // 邮箱容量(容纳的邮件个数)
                    rt_uint8_t flag);          // IPC 标志(FIFO 或 PRIO)
```

初始化邮箱需要获得用户已经申请的邮箱对象句柄和缓冲区指针，并且指定邮箱名称和邮箱容量。要注意的是，邮箱缓冲区的字节大小应该是邮箱容量的 4 倍。相对而言使用 rt_mb_create()函数创建邮箱就更为简单一点，RT-Thread 会自动给邮箱动态分配一块内存空间来存放邮件，内存空间的字节大小则是指定 size 参数的 4 倍。

邮件的发送有两个函数，使用 rt_mb_send()函数，发送邮件无须等待，该函数可用在线程或中断服务程序中。而使用 rt_mb_send_wait()函数，发送邮件可以指定等待时间，该函数不能用在中断服务程序中。如果邮箱已经满了，那么 rt_mb_send_wait()函数的发送线程将根据设定的超时时间参数等待邮箱中因为接收邮件而空出的内存空间。如果设置的超时时间到达了，邮箱中也没有空出内存空间，这时发送线程将被唤醒并返回错误码。两个发送函数的原型分别如下所示：

```
rt_err_t rt_mb_send(rt_mailbox_t mb,          // 邮箱对象句柄
                rt_ubase_t value);            // 邮件内容
rt_err_t rt_mb_send_wait(rt_mailbox_t mb,     // 邮箱对象句柄
                rt_ubase_t value,             // 邮件内容
                rt_int32_t timeout);          // 超时时间
```

邮件的接收 rt_mb_recv()函数原型如下所示：

```
rt_err_t rt_mb_recv(rt_mailbox_t mb,          // 邮箱对象句柄
                rt_ubase_t *value,            // 邮件内容存储指针
                rt_int32_t timeout);          // 超时时间
```

从邮箱中接收邮件时，只有当邮箱中有邮件了，接收者才能立即取到邮件，否则接收线程会根据超时时间设置挂起等待或者接收函数直接返回错误码。

下面的示例代码演示了 RT-Thread 邮箱的简单应用：

```
#include <rtthread.h>
static rt_mailbox_t mbox = RT_NULL;           // 定义邮箱对象句柄
static void thread_entry(void* para) {        // 线程入口函数
    uint32_t flag = 0;
        while (1) {                           // 每隔 100 ms 发送一次邮件
            rt_mb_send(mbox, flag++);         // 变量 flag 的值作为邮件内容
            rt_thread_delay(100);
        }
    }
}

int main(void) {
    // 创建容量为 10 的邮箱
    mbox = rt_mb_create("mailbox", 10, RT_IPC_FLAG_FIFO);
```

```
if (RT_NULL == mbox) {
    rt_kprintf("create mailbox error!\n");
    return 1;
}


// 创建 example 线程
rt_thread_t thread = rt_thread_create("example",
                            thread_entry, RT_NULL, 1024,
                            RT_THREAD_PRIORITY_MAX / 2,    10);


// 启动线程
if (thread != RT_NULL) rt_thread_startup(thread);


while(1) {
    uint32_t flags = 0;
    rt_err_t res = rt_mb_recv(mbox,                      // 接收邮箱 mbox 对象句柄
                        (rt_ubase_t *)&flags,            // 接收邮件内容并存放到变量 flags 中
                        RT_WAITING_FOREVER);             // 无限等待
    if (res == RT_EOK)                                   // 如果接收邮件成功
        rt_kprintf("Time:%d, Mail:%d\n",
                rt_tick_get(), flags);                   // 打印接收时间和邮件内容
}


    return 0;
}
```

上述示例在 main 主线程中创建了一个 mbox 邮箱和一个 example 线程。启动 example 线程后，example 线程每次间隔 100 ms 发送一个邮件到 mbox 邮箱。main 主线程则在 while 循环中一直从 mbox 邮箱接收邮件，每次接收成功即打印系统时间和接收的邮件内容。程序运行结果如图 4-27 所示。

```
 \ | /
- RT -     Thread Operating System
 / | \     3. 1.5 build Jul 23 2023
 2006 - 2020 Copyright by rt-thread team
Time:2, Mail:0
Time:103, Mail:1
Time:204, Mail:2
Time:305, Mail:3
Time:406, Mail:4
Time:507, Mail:5
Time:608, Mail:6
Time:709, Mail:7
```

图 4-27　邮箱应用示例程序运行结果

对比图 4-26，观察图 4-27 中的打印输出结果可知，最开始发送的 flag 数值为 0 的邮件也收到了。这也说明邮箱比事件集更适用于线程间通信。

2. 消息队列

相对而言，使用邮箱是一种简单的线程间消息传递方式，其特点在于开销低、效率高。RT-Thread 邮箱中每一封邮件的最大长度是 4 字节，所以邮箱通常用于不超过 4 字节的消息传递。如果要传递的消息超过 4 字节，对于 32 位系统，因为 4 字节内容刚好可以存放一个指针，因此当需要在线程间传递较大消息时，可以把缓冲区指针作为邮件发送到邮箱以实现消息通信。不过 RT-Thread 提供了消息队列来替代这种做法，使用消息队列也可以传递 4 字节以上的消息内容，而且功能更为完善。

消息队列作为线程间通信的一种数据结构，支持线程与线程间、中断和线程间传递消息。通常情况下，消息队列的数据结构实现采用 FIFO(先入先出)的方式，即最先写入的消息也是最先被读出的。消息队列可以存储有限个具有确定长度的数据单元，存储的最大单元数目称为队列的"深度"，在消息队列创建时需要设定其深度和每个单元的大小。RT-Thread 系统常见的消息队列操作函数如表 4-14 所示。

表 4-14　RT-Thread 消息队列操作函数

函数名称	返　回　值	说　　　明
rt_mq_init	rt_err_t 错误码	初始化消息队列
rt_mq_detach	rt_err_t 错误码	脱离消息队列
rt_mq_create	rt_mq_t 新创建的消息队列句柄	创建消息队列
rt_mq_delete	rt_err_t 错误码	删除消息队列
rt_mq_send	rt_err_t 错误码	发送消息
rt_mq_send_wait	rt_err_t 错误码	等待方式发送消息
rt_mq_urgent	rt_err_t 错误码	发送紧急消息
rt_mq_recv	rt_err_t 错误码	接收消息

rt_mq_init()和 rt_mq_create()两个函数的原型分别如下：

```
rt_err_t rt_mq_init(rt_mq_t mq,          // 消息队列对象句柄
                const char *name,         // 消息队列名称
                void *msgpool,            // 消息缓冲区指针
                rt_size_t msg_size,       // 每条消息的最大字节长度，即消息大小
                rt_size_t pool_size,      // 存储消息的缓冲区字节大小
                rt_uint8_t flag);         // IPC 标志(FIFO 或 PRIO)
rt_mq_t rt_mq_create(const char *name,    // 消息队列名称
                rt_size_t msg_size,       // 每条消息的最大长度(字节单位)，即消息大小
                rt_size_t max_msgs,       // 消息队列深度(最大消息个数)
                rt_uint8_t flag);         // IPC 标志(FIFO 或 PRIO)
```

初始化消息队列需要获得用户已经申请的消息队列对象句柄和消息缓冲区指针，并且指定消息队列名称、消息大小以及消息队列缓冲区字节大小。创建消息队列则简单一点，只需指定消息队列名称、消息大小和消息队列深度。RT-Thread 给创建的消息队列对象分配的内存空间大小等于单个消息与消息头大小之和再乘以消息队列深度，创建消息队列时要注意这个内存空间大小是否会超出物理内存大小限制，如果超出则需适当调整消息队列深度或消息大小的参数设置。

使用 rt_mq_send()函数发送消息无须等待，该函数可用在线程或中断服务程序中。而使用 rt_mq_send_ wait()函数发送消息可以指定等待时间，其超时处理原理和邮件的等待方式发送函数类似。rt_mq_send()函数与 rt_mq_send_wait()函数指定超时时间为 0 时的效果一样。

一般而言，消息队列的应用中，新发送的消息都排在消息队列尾部，消息处理也遵循先入先出的队列顺序，不过 RT-Thread 还提供一个发送紧急消息的函数 rt_mq_urgent()。该函数发送紧急消息的过程与 rt_mq_send()函数几乎一样，唯一不同点在于发送的紧急消息直接放在消息队列的队首，这样接收者就能够优先收到紧急消息，从而及时进行消息处理。三个发送函数的原型分别如下所示：

```
rt_err_t rt_mq_send(rt_mq_t mq,                // 消息队列对象句柄
                const void *buffer,            // 消息内容指针
                rt_size_t size);               // 消息大小
rt_err_t rt_mq_send_wait(rt_mq_t      mq,       // 消息队列对象句柄
                    const void *buffer,        // 消息内容指针
                    rt_size_t    size,         // 消息大小
                    rt_int32_t   timeout);     // 超时时间
rt_err_t rt_mq_urgent(rt_mq_t mq,              // 消息队列对象句柄
                const void *buffer,            // 消息内容指针
                rt_size_t size);               // 消息大小
```

消息的接收函数 rt_mq_recv()原型如下所示：

```
rt_err_t rt_mq_recv(rt_mq_t mq,                // 消息队列对象句柄
                const void *buffer,            // 消息内容指针
                rt_size_t    size,             // 消息大小
                rt_int32_t   timeout);         // 超时时间
```

对于消息发送和接收函数中的 buffer 和 size 参数，如果发送和接收的消息是字符串信息，buffer 对应的就是字符串首地址，size 可以用 strlen()函数获取字符串长度；而如果发送和接收的消息是二进制数据块，建议使用结构体对消息数据块进行封装。下面的示例代码演示了 RT-Thread 消息队列的简单应用：

```
#include <rtthread.h>
typedef struct {                               // 定义 msg_t 结构体数据类型
  rt_tick_t tick;
  int dat;
```

```
} msg_t;
static rt_mq_t mqdata = RT_NULL;                // 定义 mqdata 消息队列句柄
static rt_mq_t mqstr = RT_NULL;                 // 定义 mqstr 消息队列句柄

// data 消息发送函数
void send_data(rt_mq_t mq, int dat, uint8_t burgent) {
    msg_t tmsg;                                 // 定义消息变量用于临时存放发送的消息
    tmsg.tick = rt_tick_get();
    tmsg.dat = dat;
  if (burgent)
        rt_mq_urgent(mq, (void *)&tmsg, sizeof(tmsg));
  else
        rt_mq_send(mq, (void *)&tmsg, sizeof(tmsg));
}

static void thread_entry(void* para) {          // 线程入口函数
    while (1) {
        int flag = 0;
        while (flag < 10)                       // 连续发送 10 次 data 消息
            send_data(mqdata, flag++, 0);
        send_data(mqdata, flag, 1);             // 再发送一个 data 紧急消息

        rt_mq_send(mqstr, "DATOK", 5);          // 最后发送一个 str 消息
        rt_thread_delay(1000);                  // 延时 1 s
    }
}

int main(void) {
    // 创建 mqdata 和 mqstr 两个队列，mqdata 队列深度为 20，mqstr 队列深度为 5，消息大小为 20
    mqdata = rt_mq_create("mqdata", sizeof(msg_t), 20, RT_IPC_FLAG_FIFO);
    mqstr = rt_mq_create("mqstr", 20, 5, RT_IPC_FLAG_FIFO);
    if (RT_NULL == mqdata || RT_NULL == mqstr) {
        rt_kprintf("create mq error!\n");
        return 1;
    }

    // 创建 example 线程
    rt_thread_t thread = rt_thread_create("example",
                                thread_entry, RT_NULL, 1024,
                                RT_THREAD_PRIORITY_MAX / 2,   10);
    if (thread != RT_NULL) rt_thread_startup(thread);// 启动线程

    rt_err_t res;
```

```
    uint8_t datok = 0;              // 定义 datok 变量表示 mqstr 接收状态
    while(1) {
      if (datok) {                  // 如果已接收 DATOK 消息，开始接收处理 mqdat 队列
        msg_t tmsg;
        res = rt_mq_recv(mqdata, (void *)&tmsg, sizeof(tmsg), 10);
        if (res == RT_EOK)  // 如果已接收 mqdat 队列的消息，打印其内容
          rt_kprintf("Msg:%d, %d\n", tmsg.tick, tmsg.dat);
        else                        // 接收出错(超时)，表示 mqdat 队列空了，datok 清零
          datok = 0;
      }
      else {                        // 如果还没有接收到 DATOK 消息
        char buf[20];
        // 接收 mqstr 消息队列
        res = rt_mq_recv(mqstr, (void *)&buf, 20, RT_WAITING_FOREVER);
        if (res == RT_EOK && rt_strcmp(buf, "DATOK") == 0)
          datok = 1;                // 如果已收到 DATOK 字符串，datok 置1，准备接收 mqdat 消息
      }
    }

    return 0;
}
```

上述示例在 main 主线程中创建了 mqdat 和 mqstr 两个消息队列，mqdat 用来演示自定义消息数据的收发和紧急发送消息的效果，mqstr 用来演示用消息队列怎么传递字符串信息。启动 example 线程后，example 线程的 while 循环中，先连续发送了 10 条消息，里面的 dat 数据(0~9)顺序发送，再发送了一条 dat 为 10 的紧急消息给 mqdat 队列，然后又发送了一条 DATOK 字符串给 mqstr 队列。main 主线程则在 while 循环中根据接收状态判断是否接收 mqdat 队列的消息，以保证 mqdat 的消息全部发送完毕后再进行接收。示例程序运行结果如图 4-28 所示。

```
 \ | /
- RT -     Thread Operating System
 / | \     3.1.5 build Jul 23 2023
 2006 - 2020 Copyright by rt-thread team
DATOK
Msg:2, 10
Msg:2, 0
Msg:2, 1
Msg:2, 2
Msg:2, 3
Msg:2, 4
Msg:2, 5
Msg:2, 6
Msg:2, 7
Msg:2, 8
Msg:2, 9
DATOK
Msg:1013, 10
Msg:1013, 0
```

图 4-28　消息队列示例程序运行结果

观察图 4-28 中的输出结果，程序在接收到 DATOK 字符串后，从 mqdat 消息队列中读取 dat 消息，普通消息按 0～9 的顺序打印，但是最后发送的 dat 为 10 的紧急消息被最先打印显示。此示例程序也较好地演示了消息大小超过 4 字节时的消息发送和接收，并且也演示了用消息队列进行线程间通信。

4.3.7 内存管理

程序运行时的内存管理涉及堆和栈两个概念。

堆是用于存放系统运行时被动态分配的内存段，它的大小并不固定，可动态扩张或缩减。当线程调用 malloc() 等函数分配内存时，新分配的内存就被动态添加到堆上(堆被扩张)；当利用 free() 等函数释放内存时，被释放的内存从堆中被剔除(堆被缩减)。

栈又称堆栈，是用户存放程序临时创建的局部变量，是在函数内部定义的变量(不包括 static 声明的静态变量，static 意味着在数据段中存放变量)。除此以外，在函数被调用时，其参数也会被放入发起调用的任务栈中，调用结束时函数的返回值也会被存放回栈中。由于栈的先入先出(FIFO)特点，所以栈特别方便用来保存/恢复调用现场。

堆和栈可以看成寄存、交换临时数据的不同内存区域。嵌入式系统中，由于内存空间有限，如果设计不当，地址空间向上增长的堆空间和地址空间向下增长的栈空间很可能会发生重叠，一旦堆栈空间重叠，系统程序就会出现跑飞、死机和数据紊乱等异常现象。

关于程序的存储空间，一般 MCU 包含的存储空间有片内 FLASH 与片内 RAM。RAM 相当于内存，用来存放运行时的数据；FLASH 相当于硬盘，用来存放程序。编译器会将一个程序分为几个部分，分别存储在 MCU 的不同存储区中。如下所示，Keil MDK 在工程编译完之后，会有相应的程序占用空间提示信息：

```
linking...
Program Size: Code=14900 RO-data=920 RW-data=124 ZI-data=18756
FromELF: creating hex file...
".\RTTDemo\RTTDemo.axf" - 0 Error(s), 0 Warning(s).
Build Time Elapsed:    00:00:03
```

上述提示信息中的"Program Size"包含以下几个部分。

(1) Code：代码段，用于存放程序的代码部分。

(2) RO-data：只读数据段，用于存放程序中定义的常量。

(3) RW-data：可读写数据段，用于存放初始化值为非 0 的全局变量。

(4) ZI-data：0 数据段，存放初始化值为 0 的变量或未初始化的全局变量。

Keil MDK 在编译完成后，在输出文件夹中还会生成一个 .map 文件，该文件说明了各个函数占用的地址和空间大小，该文件最后几行也说明了上面几个字段的关系，例如：

Total RO Size (Code + RO-Data)	15820 (	15.45 kB)
Total RW Size (RW-Data + ZI-Data)	18880 (	18.44 kB)
Total ROM Size (Code + RO-Data + RW-Data)	15944 (	15.57 kB)

其中：RO Size 包含了 Code 及 RO-data，表示程序占用的 FLASH 空间大小；RW Size 包含了 RW-data 及 ZI-data，表示程序运行时占用的 RAM 空间大小；ROM Size 包含了 Code、RO-Data 和 RW-Data，表示烧写程序时占用的 FLASH 空间大小。

对带有 RT-Thread 系统的 MDK 工程，用户要注意的内存空间分配问题是临时变量占用了多大空间。如图 4-29 所示，MDK 工程系统上电时的汇编初始化文件中指定了系统初始化堆栈大小。

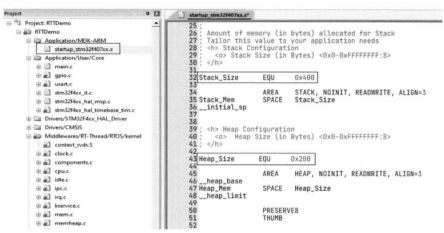

图 4-29　系统初始化堆栈大小

用户在 main()函数中定义临时变量和用 malloc()函数申请动态内存时，就需要注意变量占用的空间大小不超过初始化汇编文件中指定的堆栈大小。初始化文件默认的堆栈大小都比较小，有需要的情况下可适当调大。

若 RT-Thread 工程开启了 RT_USING_HEAP 宏，启用了 RT-Thread 的内存堆管理功能，那么要注意 RT-Thread 在创建内核对象(线程、邮箱、消息队列等)时将会在 rt_heap 这个自定义的内存堆上创建对象。这也就意味着当使用 RT-Thread 的内存堆功能时，要注意动态创建内核对象申请的内存空间(如动态线程栈空间大小和动态消息队列的缓冲大小)总和不能超过 rt_heap 内存堆的空间大小。如果线程需要较大的栈空间或者需要动态创建较大的消息队列，可以修改 RT-Thread 内核源码中的 board.c 文件，将其中的 RT_HEAP_SIZE 适当调大，如图 4-30 所示。

图 4-30　RT-Thread 内核的动态堆大小

RT-Thread 中常用的内存堆操作函数如表 4-15 所示。

表 4-15　RT-Thread 中常用的内存堆操作函数

函数名称	返 回 值	说 明
rt_system_heap_init	无	内存堆配置初始化
rt_malloc	void *指针，指向分配到的内存块	申请内存块
rt_realloc	void *指针，指向新分配到的内存块	重新申请内存块
rt_calloc	void *指针，指向分配到的内存空间	连续申请多个内存块，并以 0 填充
rt_malloc_align	void *指针，指向分配到的内存块	带有地址对齐方式的申请内存块
rt_free	无	释放指定的内存块，还给内存堆管理器
rt_free_align	无	释放 rt_malloc_align 申请的内存块
rt_memory_info	无	查询当前内存堆使用情况

如果在程序中不使用 RT-Thread 的内存堆操作函数，而是使用 malloc()函数动态申请内存空间，那么申请的内存空间还是分配在工程的汇编初始化文件中默认的堆空间上，此时要特别注意默认的堆空间大小是否大于申请的内存空间大小。初学者应注意每次调用 rt_malloc()或 malloc()函数后检查函数的返回值是否为空，如果为空则表示申请内存空间失败，后续不可访问。

4.4　基于 RT-Thread 的简单应用实践

本节以一个简单的按键控制流水灯(工程名为 RTT_EX02)工程作为示例进行介绍。先复制 4.2 小节完成的 RTT_EX01 工程整个文件夹，粘贴创建一个副本，如图 4-31 所示。

图 4-31　复制 RTT_EX01 工程目录

将这个"RTT_EX01 - 副本"文件夹名改为 RTT_EX02。双击 RTT_EX02 文件夹图标进入该文件夹，删除.ioc 文件之外的所有文件和文件夹，并将其中的.ioc 文件改名为 RTT_EX02.ioc，如图 4-32 所示。文件夹整理好了之后，双击 RTT_EX02.ioc 文件图标，启动 STM32CubeMX 就可以开始新建 RTT_EX02 工程了。

图 4-32　整理 RTT_EX02 文件夹内容

4.4.1　STM32CubeMX 工程配置

在 STM32CubeMX 软件主界面的"Pinout & Configuration"下，展开左侧"System Core"栏目，确认"RCC"模块的 HSE 选用了外部晶振(Crystal/Ceramic Resonator)，"SYS"模块的 Debug 调试选项选用了 Serial Wire 模式，Timebase Source 选项选用了 TIM7 定时器，其他模块不变。然后在器件视图中选用 PE8～PE15(根据实际电路，这里的引脚可能不同)作为输出端口并连接 L1～L8 这 8 个 LED 灯。"GPIO"模块中的端口设置如图 4-33 所示。

图 4-33　8 个 LED 灯输出端口设置

如图 4-34 所示，点击"GPIO"模块端口列表中的端口名称，下方的端口信息就会依次列出默认输出电平、端口模式、上拉/下拉模式、最大输出速度、用户标签等信息。此处除了将 8 个端口名称分别修改为"L1"～"L8"，还将端口默认输出电平修改为高电平，即默认不亮灯。

P.	Sig.	GPI...	GPIO mode	GPIO Pull-up/Pull-down	Ma...	Us...	M...
PE8	n/a	High	Output Push Pull	No pull-up and no pull-down	Low	L1	☑
PE9	n/a	High	Output Push Pull	No pull-up and no pull-down	Low	L2	☑
PE10	n/a	High	Output Push Pull	No pull-up and no pull-down	Low	L3	☑
PE11	n/a	High	Output Push Pull	No pull-up and no pull-down	Low	L4	☑
PE12	n/a	High	Output Push Pull	No pull-up and no pull-down	Low	L5	☑
PE13	n/a	High	Output Push Pull	No pull-up and no pull-down	Low	L6	☑
PE14	n/a	High	Output Push Pull	No pull-up and no pull-down	Low	L7	☑
PE15	n/a	High	Output Push Pull	No pull-up and no pull-down	Low	L8	☑

PE8 Configuration :

GPIO output level	High
GPIO mode	Output Push Pull
GPIO Pull-up/Pull-down	No pull-up and no pull-down
Maximum output speed	Low
User Label	L1

图 4-34　查看并设置 GPIO 列表

接下来，在器件视图中选用 PE1～PE4 作为输入端口并连接 K1～K4 这 4 个输入按键。如图 4-35 所示，在 GPIO 端口列表中设置 PE1～PE4 为上拉输入，并将 4 个按键的标签名称分别修改为 K1～K4。

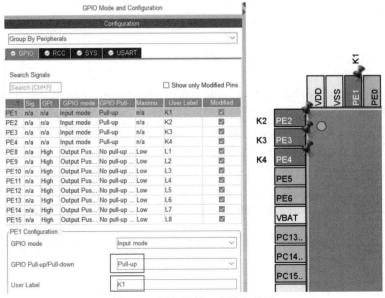

图 4-35　添加设置 4 个输入按键

展开左侧列表中的"Middleware"中间件栏，选择"RT-Thread"模块，如图 4-36 所示，确认使能 RTOS kernel 功能，使能 RT-Thread 设置参数列表中的 IPC 参数和动态内存堆功能。

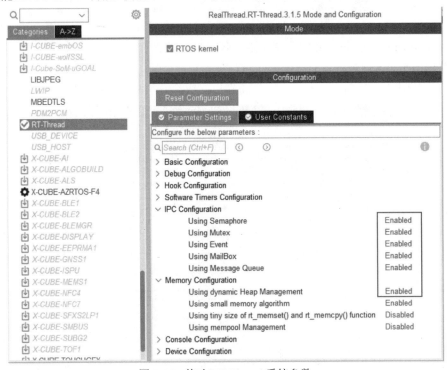

图 4-36　修改 RT-Thread 系统参数

点击左侧"System Core"栏目中的 SYS 设置，参照 4.2 节中的图 4-7 所示，确认已开启 Serial Wire 调试功能，并设置 TIM7 定时器作为 HAL 基准时钟源。

点击左侧"System Core"栏目中的 NVIC 设置，参照图 4-12 所示，确认已取消生成 Hard fault interrupt 中断服务函数。

接下来的"Clock Configuration"系统时钟配置参照第 3 章的图 3-34，保持之前的时钟设置状态不变，使用外部时钟源为 8 MHz 晶振，单片机时钟频率设置为 168 MHz。

4.4.2　导出和配置 MDK 工程

完成 4.4.1 小节的 STM32CubeMX 工程设置之后，点击 CubeMX 软件界面上方的"Project Manager"按钮切换到输出工程管理界面，参照 4.2 节的图 4-13，选择"Toolchain/IDE"(工程开发环境)为"MDK-ARM V5.32"以上版本。然后点击左侧"Code Generator"，参照图 3-37 所示，修改两个选项以减小导出工程的文件大小和方便外设源码管理。最后点击右上角的"GENERATE CODE"按钮导出生成 RTT_EX02 工程文件，当弹出消息框询问用户是否打开生成的工程时，点击中间按钮直接打开工程，如图 4-37 所示。

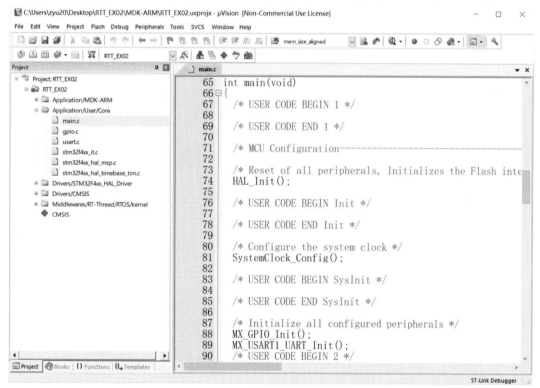

图 4-37　打开 RTT_EX02 的 MDK 工程

参考图 3-43 中的工程选项设置，选择"Use default compiler version 6"(即 AC6)编译器，选择"CMSIS-DAP Debugger"调试器，即完成了 MDK 工程的设置操作。最后按键盘快捷键 F7 或者鼠标单击 MDK 软件上方工具栏的编译按钮，查看工程的编译结果是否为"0 Error(s)，0 Warning(s)"。

4.4.3　编写功能代码

打开左侧工程文件列表中的 gpio.c 源文件, 首先添加 LED 亮灯控制函数和按键扫描函数, 两个函数代码如下:

```c
/* USER CODE BEGIN 2 */
#define LED_ON      GPIO_PIN_RESET      // 低电平亮灯
#define LED_OFF     GPIO_PIN_SET        // 高电平灭灯
void SetLeds(uint8_t dat) {
    // LED 亮灯控制函数, 一次控制 8 个灯的状态, 8 个灯对应 dat 的低 8 位
    HAL_GPIO_WritePin(L1_GPIO_Port, L1_Pin, (dat & 0x01) ? LED_ON : LED_OFF);
    HAL_GPIO_WritePin(L2_GPIO_Port, L2_Pin, (dat & 0x02) ? LED_ON : LED_OFF);
    HAL_GPIO_WritePin(L3_GPIO_Port, L3_Pin, (dat & 0x04) ? LED_ON : LED_OFF);
    HAL_GPIO_WritePin(L4_GPIO_Port, L4_Pin, (dat & 0x08) ? LED_ON : LED_OFF);
    HAL_GPIO_WritePin(L5_GPIO_Port, L5_Pin, (dat & 0x10) ? LED_ON : LED_OFF);
    HAL_GPIO_WritePin(L6_GPIO_Port, L6_Pin, (dat & 0x20) ? LED_ON : LED_OFF);
    HAL_GPIO_WritePin(L7_GPIO_Port, L7_Pin, (dat & 0x40) ? LED_ON : LED_OFF);
    HAL_GPIO_WritePin(L8_GPIO_Port, L8_Pin, (dat & 0x80) ? LED_ON : LED_OFF);
}

uint16_t ReadPin(GPIO_TypeDef* port, uint16_t pin, GPIO_PinState defLev) {
    // 检测输入端口电平是否为有效按键电平, 若是则返回按键引脚编码
    if (HAL_GPIO_ReadPin(port, pin) == defLev)
        return pin;
    else
        return 0;
}

uint16_t ScanKey(void) {
    // 按键扫描函数, 返回扫描到的按键键码
    uint16_t key = 0;
    key |= ReadPin(K1_GPIO_Port, K1_Pin, GPIO_PIN_RESET);
    key |= ReadPin(K2_GPIO_Port, K2_Pin, GPIO_PIN_RESET);
    key |= ReadPin(K3_GPIO_Port, K3_Pin, GPIO_PIN_RESET);
    key |= ReadPin(K4_GPIO_Port, K4_Pin, GPIO_PIN_RESET);
    if (key > 0){
        HAL_Delay(10);          // 按键延时 10 ms 消抖
        uint16_t key2 = 0;
        key2 |= ReadPin(K1_GPIO_Port, K1_Pin, GPIO_PIN_RESET);
```

```
        key2 |= ReadPin(K2_GPIO_Port, K2_Pin, GPIO_PIN_RESET);
        key2 |= ReadPin(K3_GPIO_Port, K3_Pin, GPIO_PIN_RESET);
        key2 |= ReadPin(K4_GPIO_Port, K4_Pin, GPIO_PIN_RESET);
        if (key == key2)         // 如果前后两次读取的键码相同，说明输入端口电平是有效按键电平
            return key;          // 返回有效按键
        else
            return 0;
    }
    return 0;
}
/* USER CODE END 2 */
```

上述代码中的按键键码，因为 K1～K4 用到的引脚编码刚好不重叠，故而可以直接用按键的引脚编码表示按键键码。在 gpio.h 中添加 SetLeds()和 ScanKey()两个函数的原型声明：

```
/* USER CODE BEGIN Prototypes */
void SetLeds(uint8_t dat);
uint16_t ScanKey(void);
/* USER CODE END Prototypes */
```

接下来，添加流水灯控制的逻辑功能代码。打开左侧工程文件列表中的 main.c 文件，在文件开头的"USER CODE BEGIN Includes"注释行下添加包含 rtthread.h 头文件，并在"USER CODE BEGIN PD"注释行下添加按键键码定义，如下所示：

```
/* USER CODE BEGIN Includes */
#include <rtthread.h>
/* USER CODE END Includes */
...
/* USER CODE BEGIN PD */
#define KEY_MASK   (K1_Pin | K2_Pin | K3_Pin | K4_Pin)
/* USER CODE END PD */
```

在"USER CODE BEGIN 0"注释行下添加线程句柄和邮箱句柄的变量定义以及线程相关代码，如下所示：

```
/* USER CODE BEGIN 0 */
static rt_thread_t threadKey = RT_NULL;     // 按键扫描线程对象
static rt_mailbox_t mb = RT_NULL;           // 邮箱对象

/* 按键扫描线程入口函数 */
void KeyScanEntry(void* parameter) {
```

```
    int i;
    while (1) {
      uint8_t key = ScanKey();
      if (key > 0) {
        rt_mb_send(mb, key);              // 将有效按键键码作为邮件发送到邮箱
        while (ScanKey() > 0)             // 等待按键放开
          rt_thread_delay(10);
      }
      rt_thread_delay(10);
    }
    rt_mb_delete(mb);
}


void InitMyThread(void) {
    rt_err_t result;                      // 临时变量，获取各 API 返回状态

    // 创建邮箱
    mb = rt_mb_create("mbt",              // 邮箱名称
                      32,                 // 邮箱容量(最多存放 32 个邮件)
                      RT_IPC_FLAG_FIFO);                // 线程等待方式 FIFO
    if (mb == RT_NULL)
      rt_kprintf("初始化邮箱错误！\n");

    // 创建按键扫描任务
    threadKey = rt_thread_create("threadKey",              // 线程名称
                      KeyScanEntry, RT_NULL,               // 线程入口函数及其参数
                      512,                                 // 线程栈空间大小
                      RT_THREAD_PRIORITY_MAX / 2,          // 线程优先级
                      10);                                 // 线程最小时间片
    if (threadKey != RT_NULL)
      rt_thread_startup(threadKey);                        // 启动线程
    else
      rt_kprintf("启动按键扫描线程失败！\n");
}
/* USER CODE END 0 */
```

　　上述添加代码中 InitMyThread()函数包括创建邮箱和创建线程两步初始化动作，而创建的 threadKey 线程，将会在其入口函数中不停地扫描按键并将有效的按键键码发送到 mb 邮箱。最后，修改 main()主函数，在"USER CODE BEGIN WHILE"注释行之间修改程序代

码，接收 mb 邮箱中的邮件并进行流水灯控制，代码如下：

```
/* USER CODE BEGIN WHILE */
InitMyThread();                              // 初始化 RT-Thread 线程和邮箱

uint8_t sta = 0x01;                          // 流水灯初始状态(L1 亮)
uint8_t dir = 1;                             // 流水灯初始方向(1 表示右行，0 表示左行)
uint32_t mail = 0;                           // 临时变量，存储邮件信息
while (1) {
  SetLeds(sta);                              // 流水灯亮灯
  if (dir)                                   // 流水灯根据方向切换状态
    sta = (sta < 0x80) ? (sta << 1) : 0x01;
  else
    sta = (sta > 0x01) ? (sta >> 1) : 0x80;
  rt_thread_delay(100);                      // 延时 100 ms

  // 等待 10 ms 接收邮件
  if (rt_mb_recv(mb, (rt_ubase_t *)&mail, 10) == RT_EOK) {
    rt_kprintf("KEY CODE: 0x%X\n", mail);    // 打印接收到的按键键码
    if (mail == K1_Pin)                      // 如果是 K1 按下
      dir = !dir;                            // 将流水灯反向
  }
  /* USER CODE END WHILE */

  /* USER CODE BEGIN 3 */
}
```

上述代码，在 main()主函数中先调用 InitMyThread()函数初始化了按键扫描线程和邮箱，然后在 while 循环中实现了 8 个 LED 灯的流水灯变化效果，并且 while 每次循环中还等待 10 ms 接收 mb 邮箱的邮件，如果接收到邮件，则打印按键键码并根据按键键码切换流水灯方向。

4.4.4　编译下载测试

修改完上一小节的程序代码后，重新编译工程，编译结果可能会出现如下的编码警告：

```
*** Using Compiler 'V6.16', folder: 'C:\Keil_v5\ARM\ARMCLANG\Bin'
Build target 'RTT_EX02'
../Core/Src/main.c(85): warning: illegal character encoding in string literal [-Winvalid-source-encoding]
```

此时可以打开工程选项设置窗口，在 AC6 的 C/C++选项卡中的 Misc Controls 栏中添加

"-Wno-invalid-source-encoding"编译选项，如图 4-38 所示。

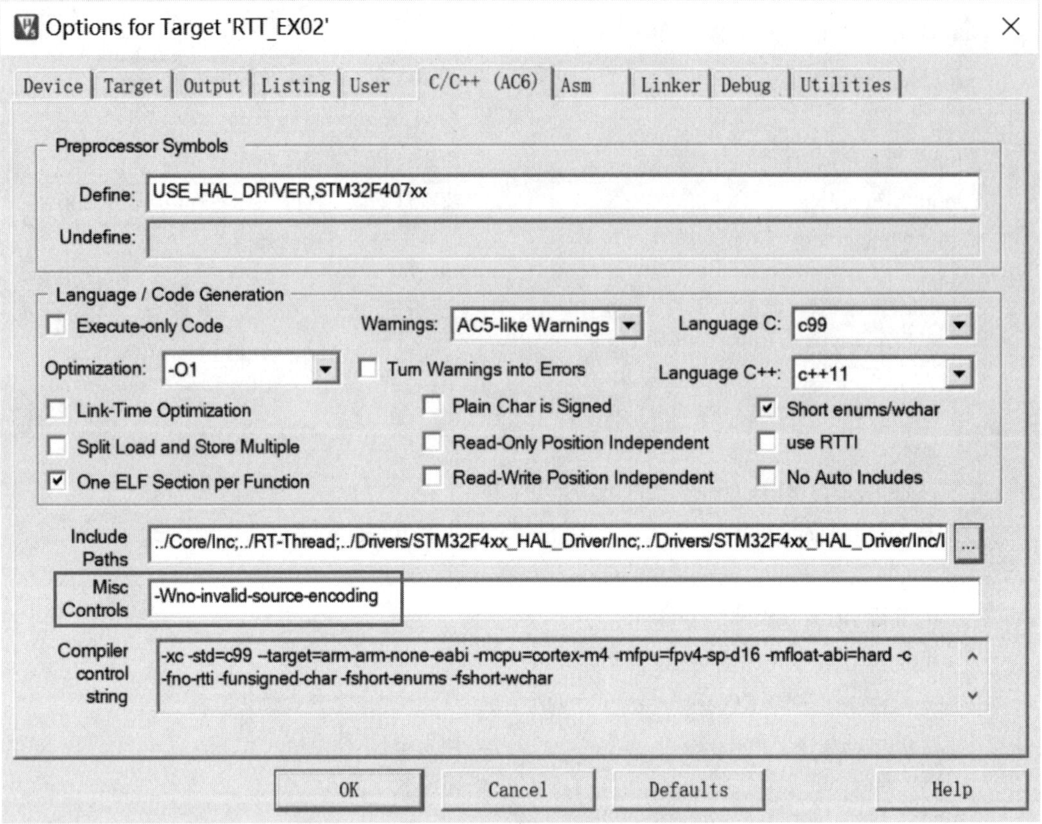

图 4-38 关于中文编码警告的工程选项设置

重新编译工程，待编译成功后，点击工具栏上的"![LOAD]"按钮(快捷键 F8)下载程序，复位运行，此时就可以看到学习板上的一个流水灯效果，按下学习板上的 K1～K4 按键，可观察串口输出信息和流水灯控制效果，且可测试按键功能。

实验 多任务控制流水灯

一、实验目标

熟悉基于 HAL 库的 RT-Thread 工程创建流程，实现多任务控制流水灯。

二、实验内容

(1) 参照本章的 RTT_EX02 示例，通过 STM32CubeMX 软件创建 STM32 工程，配置添加 8 个 LED 灯、6 个独立按键和蜂鸣器端口。学习板上 6 个独立按键分别对应 PE1～PE6 端口；K1～K4 按键上拉输入，低电平有效；K5、K6 按键下拉输入，高电平有效；蜂鸣器连接引脚为 PB4，设置为输出端口。

(2) 通过 STM32CubeMX 软件配置添加 RT-Thread 组件，并添加相应串口外设。

(3) 修改 SYS 系统滴答定时器配置，选择其他时钟源作为滴答定时器时钟源，最后导出 Keil MDK 工程。

(4) 添加逻辑代码，实现多任务控制流水灯。

要求：在主线程之外创建的 3 个线程，分别在每个线程中操作一个外设。

LED 线程操作 LED 灯，实现流水灯功能；蜂鸣器线程操作蜂鸣器，实现按键提示音功能，每个按键音调不同，提示音时间为 100 ms 左右；按键扫描线程读取按键，实现按键扫描功能，K1～K4 按键分别控制流水灯的启动、暂停、加速、减速。

按键提示音用蜂鸣器输出 1 kHz 左右连续脉冲实现蜂鸣。

定义流水灯状态 run 和速度 speed 变量，用来表示流水灯的启动、暂停状态和运行速度挡位。在 LED 线程中根据 run 和 speed 变量控制流水灯的启动、暂停以及变换速度。

(5) 使用 RT-Thread 线程管理函数实现流水灯的启停控制，用 rt_thread_suspend()函数暂停线程，用 rt_thread_resume()恢复线程运行，对比使用 run 变量控制流水灯状态，判断两种控制方法的优缺点。

附加要求：使用按键 K5 暂停 LED 线程，并创建一个新的流水灯线程，以演示不同的流水灯效果；使用按键 K6 删除新建的流水灯线程并恢复之前暂停的 LED 线程。

第5章

STM32 单片机串口通信实践

　　串行通信接口，简称串口(通常指 COM 接口)，是采用串行通信方式的扩展接口。串行通信的两种最基本的方式分别为同步串行和异步串行。SPI 便是采用同步串行方式的串行外设接口。SPI 总线系统是一种高速、全双工、同步的通信总线，它可以使 MCU 与各种外围设备以串行方式进行通信以交换信息。

　　通用异步接收/发送器(Universal Asynchronous Receiver / Transmitter，UART)，采用了异步串行方式。UART 包含 TTL 电平的串口和 RS232 电平的串口。TTL 电平是 3.3 V 的，而 RS232 是负逻辑电平，它定义+5～+12 V 为低电平，而−12～−5 V 为高电平，通常 PC 串口(RS232 电平)与单片机串口(TTL 电平)之间通信需要添加 MAX232 这样的电平转换芯片。

　　如图 5-1 所示，因为计算机原有的 DB9 接口太占空间，现今的嵌入式设备和大多数开发板都采用外置 USB 转 RS232 器件，将单片机这边的 UART 串口转接到计算机 USB 口上，然后在计算机这边使用串口工具软件访问 USB 转接器件虚拟出来的 USB 串口，即可实现计算机和单片机之间的串口通信。

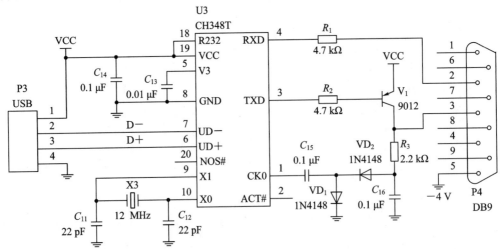

图 5-1　使用 USB 转 RS232 器件连接单片机 UART 串口与计算机 USB 口

5.1　学习板虚拟串口概述

本书所配学习板上的 DAP 下载器支持将 STM32F4 器件的串口 1 连接到左侧的 USB Type-C 接口并虚拟为一个 USB 串口。如图 5-2 所示，在 Windows10 系统中可自动识别出该串口(Windows7、Windows8 系统上需要安装 USB 虚拟串口驱动)。

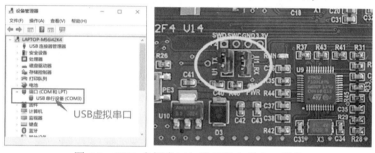

图 5-2　USB 虚拟串口与学习板上的串口跳线

本章示例 RTT_EX03 将使用 Windows 下的串口调试助手软件和学习板进行串口通信，实现一个串口控制的流水灯演示示例，注意学习板上的调试串口跳线必须接上。

新建一个文件夹，命名为 RTT_EX03，然后复制第 4 章中 RTT_EX02 示例工程的 CubeMX 工程文件 RTT_EX02.ioc 到该文件夹中，并将文件名改为 RTT_EX03.ioc。双击该文件图标，启动 CubeMX 并打开 RTT_EX03 工程，单片机已完成端口配置，如图 5-3 所示，准备重新配置串口模块。

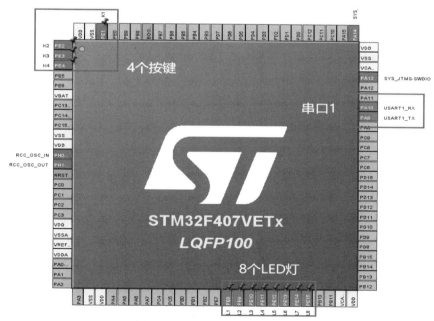

图 5-3　RTT_EX03 工程引脚配置

展开 CubeMX 主界面左侧的"Connectivity"栏目，选择 USART1(串口 1)模块可以看到之前的 USART1 配置参数，如图 4-11 所示。因为本次实验需要使用中断方式进行数据收发，还需要设置串口中断。如图 5-4 所示，切换到 USART1 的中断设置界面，使能串口 1 的中断。

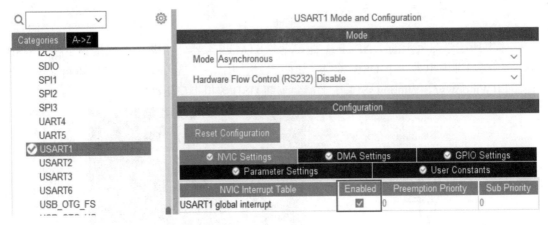

图 5-4　使能串口 1 的中断

为方便后续演示串口 DMA 通信，将软件切换到"DMA Settings"设置界面，单击其中的"Add"按钮，添加串口 DMA 接收请求，如图 5-5 所示。

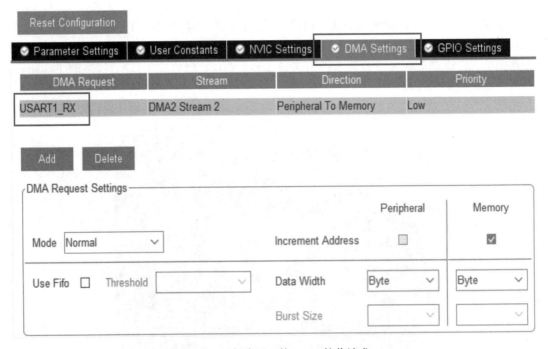

图 5-5　添加串口 1 的 DMA 接收请求

最后在"System Core"栏目下的 NVIC 模块中设置串口中断"USART1 global interrupt"和 DMA 中断"DMA2 stream2 global interrupt"的优先级为 5，如图 5-6 所示。

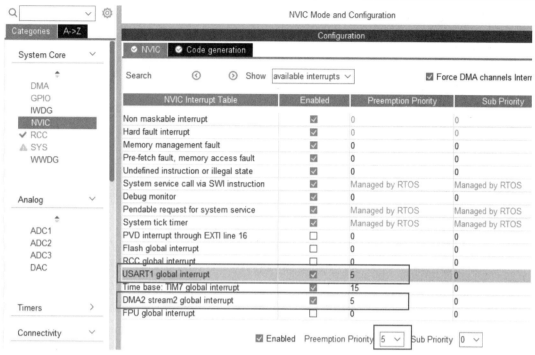

图 5-6　修改串口 1 中断和 DMA 中断的优先级

设置完成后，点击 CubeMX 右上角的"GENERATE CODE"按钮导出 RTT_EX03 的 MDK 工程，用 Keil MDK 软件打开该工程后展开左侧文件列表，双击 usart.c 文件，如图 5-7 所示。

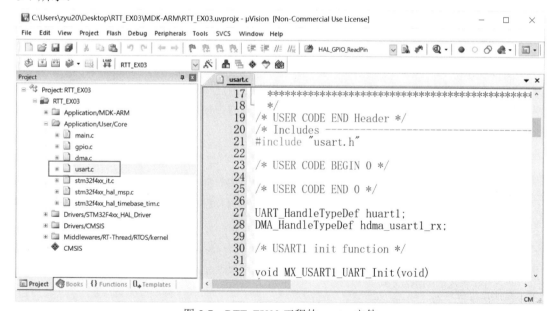

图 5-7　RTT_EX03 工程的 usart.c 文件

为了方便使用 printf()函数打印字符串输出到串口，可以在 usart.c 文件开头添加串口打印支持代码，下面一段代码不仅重写了 fputc()函数，还对 Keil MDK 的两个编译器版本和 MicroLIB 程序库做了自适应支持。

```
/* USER CODE BEGIN 0 */
#include <stdio.h>
#ifndef __GNUC__                              // 如果不使用 ARM CC V6 编译器
#pragma import(__use_no_semihosting)          // 不使用半主机函数
struct __FILE{int handle;};                   // 标准库需要的支持函数
void _sys_exit(int x) {x = x;}                // 避免使用半主机模式
#endif

FILE __stdout;                                // ARM CC V6 版本需要添加支持
int fputc(int ch, FILE *f) {                  // 重写 fputc 函数
  HAL_UART_Transmit(&huart1 , (uint8_t *)&ch, 1, 0xFFFF);
  return(ch);
}
/* USER CODE END 0 */
```

usart.c 文件添加完以上代码后，再双击打开 main.c 文件，在 main.c 开头的"USER CODE BEGIN Includes"注释行下添加下面两行代码，以包含两个头文件：

```
/* USER CODE BEGIN Includes */
#include <rtthread.h>
#include <stdio.h>
/* USER CODE END Includes */
```

然后修改 main()函数的 while 循环，添加以下两行代码，每隔 500 ms 打印信息：

```
int main(void) {
  ...
  /* USER CODE BEGIN WHILE */
  while (1)    {
    HAL_Delay(500);
    printf("%.3fs Hello world!\n", HAL_GetTick() / 1000.0);
    /* USER CODE END WHILE */

    /* USER CODE BEGIN 3 */
  }
  /* USER CODE END 3 */
  ...
```

最后编译工程，下载程序到学习板上，打开串口调试助手接收信息，如图 5-8 所示，由此验证 printf 串口打印功能正常。

```
  \ | /
- RT -        Thread Operating System
 / | \           3.1.5 build Jul 25 2023
 2006 - 2020 Copyright by rt-thread team
0.504s Hello world!
1.006s Hello world!
1.508s Hello world!
2.010s Hello world!
2.512s Hello world!
```

图 5-8　在 main 主循环中 printf 打印信息

有读者可能会问，之前第 4 章已经有串口打印功能了，为什么还要修改 usart.c 文件添加 printf()打印支持，用 rt_kprintf()函数打印不行吗？可以把上述 main()函数中的 printf()函数改为 rt_kprintf，然后重新编译工程，下载测试。对比修改前后的运行结果可知 rt_kprintf()函数不支持打印浮点数，原因可能是基于节省 FLASH 空间的考虑(比 printf()少了 4 KB)，rt_kprintf()函数裁剪了部分打印功能。因此在需要数据打印的应用场景，通常还是需要添加 printf()函数的串口打印支持。

STM32 的 HAL 库(STM32CubeF4 1.26 以上版本)中提供的串口操作函数如表 5-1 所示。发送数据时通常使用 HAL_UART_Transmit()函数，而接收数据时根据接收方法不同，在不同的应用场景采用不同的接收函数。

表 5-1　HAL 库中的串口操作函数

函数名称	说　　明
HAL_UART_Transmit	串口发送数据
HAL_UART_Receive	串口接收数据
HAL_UART_Transmit_IT	串口带中断方式发送数据
HAL_UART_Receive_IT	串口带中断方式接收数据
HAL_UART_Transmit_DMA	串口 DMA 方式发送数据
HAL_UART_Receive_DMA	串口 DMA 方式接收数据
HAL_UARTEx_ReceiveToIdle	串口接收数据，空闲或超时退出
HAL_UARTEx_ReceiveToIdle_IT	串口带中断方式接收数据，空闲时进入中断事件回调函数
HAL_UARTEx_ReceiveToIdle_DMA	串口 DMA 方式接收数据，空闲时进入中断事件回调函数
HAL_UART_IRQHandler	串口中断服务函数
HAL_UART_TxCpltCallback	串口发送中断回调函数
HAL_UART_RxCpltCallback	串口接收中断回调函数
HAL_UARTEx_RxEventCallback	串口接收空闲中断事件回调函数

从表 5-1 中可以看出，STM32 的串口通信方式大致有轮询、中断和 DMA 三种方式，而且 DMA 接收方式也需要开启串口中断。轮询方式适合简单的串口通信，不适合在复杂多任务系统使用，数据接收会受到高优先级任务影响，或者影响其他低优先级的任务。

中断和 DMA 方式，都需要调用接收中断回调函数 HAL_UART_RxCpltCallback()或者 HAL_UARTEx_RxEventCallback()，用户需要重新编写该函数，以便在接收数据到来时及时处理。STM32 定义串口总线上在一个字节的时间内没有再接收到数据时，认为是串口空闲。而空闲中断是检测到有数据被接收后，总线上在一个字节的时间内没有再接收到数据的时候发生的。

5.2　轮询接收方式串口通信

HAL_UART_Receive()函数常用轮询接收方式，修改的 main()函数代码如下(在主循环中使用 HAL_UART_Receive()函数接收串口数据)：

```
int main(void) {
    ...
    /* USER CODE BEGIN WHILE */
    uint8_t ch; // 临时变量
    while (1)    {
        if (HAL_UART_Receive(&huart1, &ch, 1, 10) == HAL_OK)    // 读取 1 字节数据
            printf("%c", ch); // 打印接收字符
        /* USER CODE END WHILE */

        /* USER CODE BEGIN 3 */
    }
    /* USER CODE END 3 */
    ...
```

编译下载后的测试结果如图 5-9 所示，程序能把接收到的串口数据从串口回送出来。但是如果把测试字符串加长，就会发现接收的数据不全，这是因为在任务函数中，printf()打印数据的时候如果刚好有串口数据过来就会漏接收。

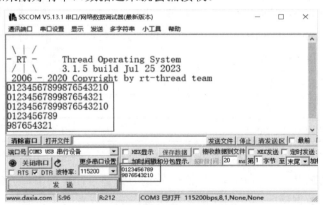

图 5-9　轮询接收方式测试结果

相比每次单个字节的接收处理方式，采用 HAL_UARTEx_ReceiveToIdle 函数进行轮询接收处理(即采用空闲超时轮询接收方式)会更好一点，修改的while循环部分程序代码如下：

```
int main(void) {
    ...
    /* USER CODE BEGIN WHILE */
    uint8_t buf[128];           // 定义接收缓冲数组
    uint16_t len;               // 定义临时变量，表示接收数据长度
    while (1) {
        /* USER CODE END WHILE */
        if (HAL_UARTEx_ReceiveToIdle(&huart1, buf, 128, &len, 10) == HAL_OK)    {
            buf[len] = '\0';        // 接收数据末尾加字符串结束符
            printf("%s", buf);      // 打印接收字符串
        }
        /* USER CODE BEGIN 3 */
    }
    /* USER CODE END 3 */
    ...
```

从上述代码可以了解到，HAL_UARTEx_ReceiveToIdle 函数从串口 1 中接收数据后，自动将接收数据连续存储到指定的接收缓冲数组内，当接收完指定字节数或者串口空闲函数返回，返回时更新参数 len 变量的数值(实际接收数据长度)，最后一个参数表示接收超时等待 10 ms。

重新编译工程，测试结果如图 5-10 所示，由图可以看到使用空闲超时轮询接收方式的结果比图 5-9 中好很多，没出现数据丢失情况。

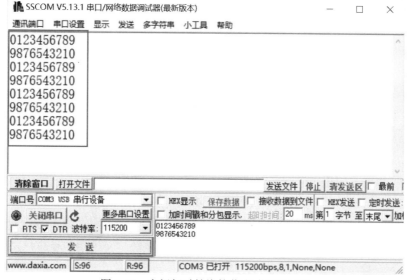

图 5-10　空闲超时轮询接收方式测试结果

串口轮询接收方式的程序设计较为简单，但是因为轮询需要周期、连续地检查外部事件是否发生，所以轮询会消耗较多的 CPU 处理时间。而且轮询过程因为需要和其他功能代码结合，当 CPU 处理其他事件(可能是无关紧要的)的时间较长时，可能会造成丢失关键事件。因此，串口的轮询接收方式适合于对时间响应要求较低的场合，在多任务处理场景，不推荐使用轮询接收方式。

5.3　中断接收方式串口通信

中断接收方式由硬件来判断是否发生外部事件并通知 CPU，且有专用的中断服务程序来处理事件。相比轮询接收方式，中断接收方式则只在数据到来时进行中断，节省了大量的轮询等待时间。中断接收方式包括普通接收中断和 DMA 接收方式，两者区别在于 DMA 接收方式不需要每接收一个字节都由 CPU 进行中断，减少了中断发生的次数，适合大数据量通信的应用场景。

本节除了演示串口中断接收，还将演示基于消息队列的串口中断和线程之间的数据通信。复制 RTT_EX03 工程文件夹，创建一个副本并将文件夹名改为 RTT_EX03_IT，打开该文件夹中的 MDK 工程，准备演示串口中断接收方式程序设计示例。

5.3.1　串口接收中断示例

中断接收方式需要用到接收缓冲区，可以先在 main.c 文件中定义全局变量，代码如下：

```
/* USER CODE BEGIN Includes */
#include <rtthread.h>              // 包含 RT-Thread 头文件支持
#include <stdio.h>                 // 包含 stdio 头文件
/* USER CODE END Includes */
...
/* USER CODE BEGIN Variables */
uint8_t ch;                        // 接收缓冲变量
static rt_mq_t mq = RT_NULL;       // 串口消息队列
/* USER CODE END Variables */
```

串口接收中断示例程序流程如图 5-11 所示。首先开启主线程，初始化 HAL 库、系统时钟、GPIO、DMA、串口外设，初始化 RT-Thread 消息队列；然后在 main()函数的 while循环开始前启动串口 1 中断接收方式，串口每接收到 1 个字节即进入中断，调用中断回调函数；最后在 while 循环中使用 rt_mq_recv()函数从消息队列获取消息，每次获取到消息时将其打印出来。

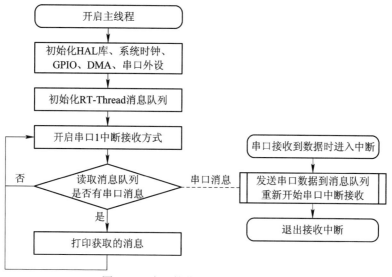

图 5-11　串口接收中断示例程序流程

Main()函数和串口接收中断回调函数代码如下：

```
int main(void) {
    ...
    /* USER CODE BEGIN 2 */
    mq = rt_mq_create("uart_mq", 2, 16, RT_IPC_FLAG_FIFO);
    if (mq == RT_NULL)
        printf("创建消息队列失败！\n");
    /* USER CODE END 2 */

    /* USER CODE BEGIN WHILE */
    HAL_UART_Receive_IT(&huart1, &ch, 1);       // 开启中断接收方式
    while (1) {
        char dat[2];                            // 定义消息队列读取缓冲区
        if (rt_mq_recv(mq, dat, 2, 10) == RT_EOK)  // 读取消息队列，返回 OK 表示有串口消息
            printf("%s", dat);                  // 打印获取的消息
        /* USER CODE END WHILE */

        /* USER CODE BEGIN 3 */
        rt_thread_delay(1);
    }
    /* USER CODE END 3 */
}

...
```

```
/* USER CODE BEGIN 4 */
// 回调函数
void HAL_UART_RxCpltCallback(UART_HandleTypeDef *huart) {
 if (huart == &huart1)  {
      uint8_t buf[2] = {0};                    // 定义消息发送缓冲区
      buf[0] = ch;                             // 写入接收的串口数据
      rt_mq_send(mq, buf, 2);                  // 发送消息
      __HAL_UNLOCK(huart);
      HAL_UART_Receive_IT(huart, &ch, 1);      // 重新开始中断接收
 }
 }
/* USER CODE END 4 */
```

上述示例代码中先使用 rt_mq_create()函数创建了一个名为"uart_mq"的消息队列。该消息队列每个消息的最大字节数为 2，队列缓冲区消息最大数量为 16，即队列深度为 16。

然后在 while 循环前使用 HAL_UART_Receive_IT()函数启动了串口接收中断，设置每次串口接收到 1 个字节后触发中断。串口接收中断会自动调用回调函数，程序在回调函数中将接收到的 1 个字节内容作为消息发送到消息队列中，同时重新启动中断接收，而在main()函数中循环获取消息队列，有消息则将其内容打印出来。

编译工程，程序下载后的测试结果表明，测试字符串长度 16 字节以下的时候，接收数据完整，但是测试字符串长度超过 16 字节时有比较明显的数据丢失。原因在于消息队列深度只有 16，而每次接收到 1 字节数据时就向队列发送了一次消息，因此测试字符串长度超16 字节时很可能因为消息队列填满溢出而导致数据丢失。

对于这种情况，使用 HAL_UARTEx_ReceiveToIdle_IT()函数就比较适合，该函数仅指定接收数据缓冲区大小，当开始接收数据并空闲超时后才进入串口接收中断并调用空闲回调函数 HAL_UARTEx_RxEventCallback()。

修改 main.c 文件，在文件开头添加接收缓冲数组定义：

```
/* USER CODE BEGIN PM */
#define MQ_MSSIZE   128
/* USER CODE END PM */


/* USER CODE BEGIN PV */
uint8_t rx_buf[MQ_MSSIZE];      // 接收缓冲数组
static rt_mq_t mq = RT_NULL;    // 串口消息队列
/* USER CODE END PV */
```

然后修改 main()函数，在循环开始前开启空闲超时中断接收方式，并添加空闲回调函数代码：

```c
int main(void) {
    ...
    /* USER CODE BEGIN 2 */
    mq = rt_mq_create("uart_mq", MQ_MSSIZE, 5, RT_IPC_FLAG_FIFO);
    if (mq == RT_NULL)
        printf("创建消息队列失败！\n");
    /* USER CODE END 2 */


    /* USER CODE BEGIN WHILE */
    // 开启空闲超时接收中断
    HAL_UARTEx_ReceiveToIdle_IT(&huart1, rx_buf, MQ_MSSIZE - 1);
    while (1) {
        char dat[MQ_MSSIZE];                    // 定义消息队列读取缓冲数组
        if (rt_mq_recv(mq, dat, MQ_MSSIZE, 10) == RT_EOK)
            printf("%s", dat);                  // 打印获取的消息
        /* USER CODE END WHILE */

        /* USER CODE BEGIN 3 */
        rt_thread_delay(1);
    }
    /* USER CODE END 3 */
}


...
/* USER CODE BEGIN 4 */
void HAL_UARTEx_RxEventCallback(UART_HandleTypeDef *huart,uint16_t Size) {
    if (huart == &huart1) {
        rx_buf[Size] = '\0';                    // 接收数据末尾添加字符串结束符
        rt_mq_send(mq, rx_buf, sizeof(rx_buf));
        __HAL_UNLOCK(huart);                    // 解锁串口状态
        // 再次开启接收
        HAL_UARTEx_ReceiveToIdle_IT(&huart1, rx_buf, MQ_MSSIZE - 1);
    }
}
/* USER CODE END 4 */
```

　　编译工程后，程序下载后的测试结果如图 5-12 所示，由图可以看到测试结果良好。要注意的是，以上示例代码适用于字符串收发场景，如果要收发任意字节数据，程序还需进行优化调整。

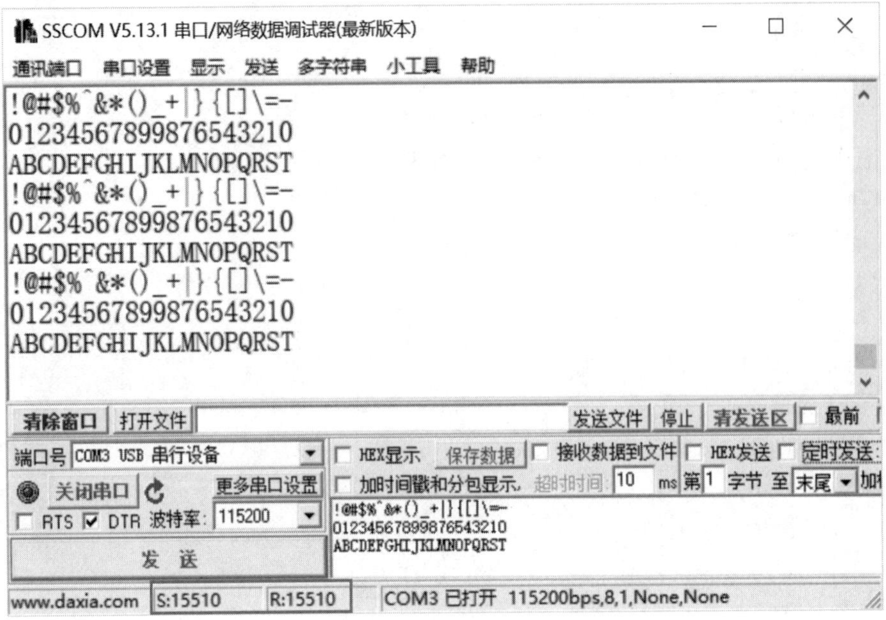

图 5-12 空闲超时中断接收方式测试结果

5.3.2 DMA 空闲中断示例

DMA 传输将数据从一个地址空间复制到另外一个地址空间，CPU 只需初始化 DMA 即可，传输操作本身是由 DMA 控制器来实现和完成的。当 DMA 传输完成的时候将产生一个中断，通知 CPU 它的传输操作已经完成，然后 CPU 就可以去处理数据了。使用 DMA 能够提高 CPU 的利用率，省去了 CPU 搬运数据的时间，它对于高效能嵌入式系统算法和网络应用非常重要。

本小节示例，应先参考图 5-5，在 CubeMX 中为串口 1 设置 DMA 接收请求。打开 main.c 文件，确认 main()函数中 DMA 初始化动作先于串口初始化动作，如果不是，需要手动调整一下，两条初始化语句顺序如下所示：

```
/* Initialize all configured peripherals */
MX_GPIO_Init();              // GPIO 端口初始化
MX_DMA_Init();               // DMA 初始化
MX_USART1_UART_Init();       // 串口初始化
/* USER CODE BEGIN 2 */
```

串口 DMA 接收，可以使用 HAL_UART_Receive_DMA()函数开启 DMA 接收，或使用 HAL_UARTEx_ReceiveToIdle_DMA()函数开启 DMA 接收并同时开启空闲超时中断。前一个函数功能为，设置串口使之通过 DMA 接收指定长度的数据。该函数对不定长度数据接收不够方便，此时推荐使用后一个函数进行 DMA 接收。

HAL_UARTEx_ReceiveToIdle_DMA()函数通常用于接收不定长度的串口数据，该函数开启串口 DMA 接收的同时还开启了空闲超时中断，当 DMA 接收指定数据完成或者串口空闲时将调用 HAL_UARTEx_RxEventCallback()回调函数。在 main.c 文件中，接收缓冲数组不变，修改 main()函数和空闲超时中断回调函数代码如下所示：

```
int main(void) {
    ...
    /* USER CODE BEGIN WHILE */
    // 开启 DMA 空闲超时接收中断
    HAL_UARTEx_ReceiveToIdle_DMA(&huart1, rx_buf, MQ_MSSIZE - 1);
    while (1) {
        ... // 其余代码保持不变
    }
    /* USER CODE END 3 */
}


...
/* USER CODE BEGIN 4 */
void HAL_UARTEx_RxEventCallback(UART_HandleTypeDef *huart,uint16_t Size) {
    if (huart == &huart1) {
        HAL_UART_DMAStop(huart);            // 停止 DMA 接收数据
        rx_buf[Size] = '\0';                // 接收数据末尾添加字符串结束符
        rt_mq_send(mq, rx_buf, sizeof(rx_buf));
        __HAL_UNLOCK(huart);                // 解锁串口状态
        // 重新开启串口 DMA 空闲超时中断接收
        HAL_UARTEx_ReceiveToIdle_DMA(&huart1, rx_buf, MQ_MSSIZE - 1);
    }
}
/* USER CODE END 4 */
```

重新编译工程，下载程序到学习板上，设置一次发送字符串长度在 63 字节以内，无论单次发送还是快速连续发送大量数据时程序都能完整接收。如果要任意接收更长字符串，可以修改 MS_SSIZE 宏定义的大小，或者使用__HAL_DMA_DISABLE_IT()函数关闭 DMA 的中断。相对而言，使用 DMA 空闲超时中断接收串口数据比不用 DMA 的空闲超时中断接收，减轻了单片机的数据搬运压力，更能提高单片机的工作效率。

5.3.3　流水灯串口通信应用

串口通信测试完成后，接下在 RTT_EX03 工程基础上实现一个流水灯示例，添加一个线程实现流水灯功能，当串口 1 接收到字符串"LSD_GO""LSD_STOP"时能够启动、暂停流水灯，当接收到字符串"LSD_SP1"～"LSD_SP9"时能够实现流水灯速度控制。整个流水灯示例程序流程如图 5-13 所示。

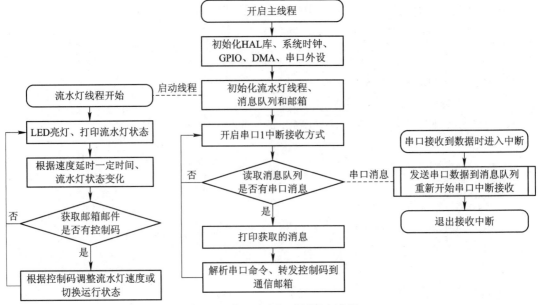

图 5-13　串口流水灯示例程序流程

　　首先确认 CubeMX 中已为 RTT_EX03 工程添加了 8 个 LED 灯输出端口,然后参照 4.4.3 小节在 gpio.c 文件中加入 SetLeds()函数,实现 LED 亮灯函数。接下来回到 main.c 文件,添加一个串口线程,实现流水灯效果:

```
...
/* USER CODE BEGIN 0 */
void ThreadLsdEntry(void* parameter);             // 流水灯线程函数声明
static rt_thread_t thread_lsd = RT_NULL;          // 流水灯线程
static rt_mq_t mq = RT_NULL;                       // 之前添加的串口消息队列,移至此处
static rt_mailbox_t mb = RT_NULL;                  // 线程间通信邮箱

// RT-Thread 线程及邮箱和队列初始化
void InitRTT(void) {
  mq = rt_mq_create("uart_mq", MQ_MSSIZE, 5, RT_IPC_FLAG_FIFO);
  if (mq == RT_NULL)printf("创建消息队列失败!\n");
  mb = rt_mb_create("mbt", 32, RT_IPC_FLAG_FIFO);
  if (mb == RT_NULL)printf("创建邮箱失败!\n");
  // 初始化流水灯线程
    thread_lsd = rt_thread_create("thread_lsd",                    // 线程名称
                  ThreadLsdEntry, RT_NULL,                         // 线程入口函数及其参数
                  1024,        // 线程栈空间大小, printf 函数需要较大栈空间
                  RT_THREAD_PRIORITY_MAX / 2,                      // 线程优先级
                  10);                                             // 线程最小时间片
    if (thread_lsd != RT_NULL)  rt_thread_startup(thread_lsd);     // 启动线程
```

```
        else printf("启动流水灯线程失败！\n");
    }


    // 流水灯线程入口函数
    void ThreadLsdEntry(void* parameter) {
        uint8_t sta = 1, dir = 1, brun = 1, speed = 5;        // 流水灯初始状态
        while (1) {
            if (brun)        {
                SetLeds(sta);                                 // 调用亮灯函数，刷新 LED 灯
                // 打印流水灯状态
                for (int i = 0; i < 8; ++i)
                    printf("%s", (sta & (0x01 << i)) ? "●" : "○");
                printf("\n");

                rt_thread_delay((10 - speed) * 100);          // 流水灯间隔时间
                // 流水灯状态变化
                if (sta == 0x01 || sta == 0x80)
                    dir = !dir;
                sta = dir ? (sta >> 1) : (sta << 1);
            }
            // 获取邮箱邮件，并设置 10 ms 超时
            uint32_t flag = 0;
            if (rt_mb_recv(mb, (rt_ubase_t *)&flag, 10) == RT_EOK) {
                if (flag > 0 && flag < 10) speed = flag;      // 流水灯速度
                brun = flag ? 1 : 0;                          // 流水灯启停控制
            }
            rt_thread_delay(1);
        }
    }
    /* USER CODE END 0 */
    ...
```

编译工程后，下载程序到学习板上测试运行，可以看到流水灯已经自动运行起来了。接下来修改 main() 主函数，添加接收串口命令的解析和控制代码转发功能：

```
int main(void) {
    ...
    /* USER CODE BEGIN 2 */
    rt_thread_delay(100);
    InitRTT();
```

```
/* USER CODE END 2 */

/* Infinite loop */
/* USER CODE BEGIN WHILE */
HAL_UARTEx_ReceiveToIdle_DMA(&huart1, rx_buf, MQ_MSSIZE - 1);
while (1) {
    char dat[MQ_MSSIZE];                // 定义消息队列读取缓冲区
    if (rt_mq_recv(mq, dat, MQ_MSSIZE, 10) == RT_EOK) {
        printf("%s", dat);              // 打印获取的消息
        // 串口命令解析执行
        if (strstr(dat, "LSD_GO") == dat)          rt_mb_send(mb, 10);
        else if (strstr(dat, "LSD_STOP") == dat)   rt_mb_send(mb, 0);
        else if (strstr(dat, "LSD_SP") == dat) {
            uint8_t sp = dat[6] - '0';  // 提取速度数值
            if (sp > 0 && sp < 10)      // 将数值1~9发送通知给流水灯线程
                rt_mb_send(mb, sp);
        }
    }
    /* USER CODE END WHILE */

    /* USER CODE BEGIN 3 */
    rt_thread_delay(1);
    }
    /* USER CODE END 3 */
}
```

上述代码中，SetLeds()亮灯函数之后，还用了一个循环把 8 个 LED 灯的状态打印出来，编译工程后，下载程序运行，串口调试助手打印结果如图 5-14 所示。

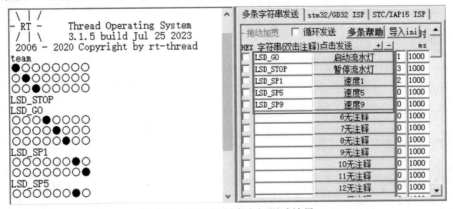

图 5-14　串口控制流水灯测试结果

在串口调试助手中已经可以看到程序打印出来的流水灯状态了，此时向学习板发送对应的控制命令也能够得到及时响应。

实验　简单串口通信应用

一、实验目标

熟悉基于 HAL 库的串口通信功能，基于学习板数码管和串口 1，实现一个简单的串口通信应用。

二、实验内容

(1) 参照 RTT_EX05 示例，在 CubeMX 中添加按键、数码管和串口 1，并配置相应端口模式和外设模块。

(2) 添加 RT-Thread 操作系统，添加数码管、串口两个额外线程，包括 main 主线程在内的 3 个线程都设置相同优先级。

(3) 添加程序代码，串口线程处理接收数据，每次从接收字符串中提取出十六进制字符串，如接收到"Hello world 2022"，提取字符串为"ED2022"，字符串长度不超过 10 字节，字符串提取完成后打印输出。

(4) 添加程序代码，将提取字符串显示在 4 位数码管上，如果字符串长度超过 4，那么在数码管上从右往左滚动显示。

附加要求：在 CubeMX 中添加串口 2(PA2、PA3)，使用杜邦线连接两块学习板串口 2(两板交叉对接)，设计程序当学习板 A 有键按下时发送键码到学习板 B 并且显示在学习板 B 的数码管上，反之学习板 B 有键按下时发送键码到学习板 A 并显示在学习板 A 的数码管上。

第6章

简单外设应用实践

单片机系统中常用外设包括 GPIO、数码管、矩阵键盘、ADC 和各种传感器等。STM32 的 HAL 库中提供的 GPIO 操作函数如表 3-2 所示，数码管、键盘的操作通常都可以归类为普通的 I/O 操作。嵌入式系统外设模块如传感器、显示屏和存储器等，大多以不同的通信总线与 MCU 相连，这其中有些简单的通信总线如 one wire、I^2C 和 SPI 都可以用 GPIO 端口模拟总线时序进行通信。本章将为读者展示基于 GPIO 和 ADC 的简单多任务外设应用，复制第 4 章的 RTT_EX02 工程文件夹，创建一个文件夹副本，并将副本文件夹名改为 RTT_EX04，删除其中的 MDK-ARM 子文件夹，然后将 RTT_EX04 文件夹中的.ioc 文件改名为 RTT_EX04.ioc。双击该文件图标，启动 STM32CubeMX 软件，准备配置外设并导出 MDK 工程。

6.1 外设配置

进行嵌入式应用实践，必须对实验平台的硬件电路有一个基本了解，本章实践内容用到的外设包括独立按键、串口、数码管、温度传感器和麦克风。根据第 2 章中的硬件平台介绍，所有外设和单片机连接端口对应如表 6-1 所示。

本章示例使用串口用于打印调试信息，前述章节示例中已配置过串口模块，因此没有把串口列入表 6-1 的外设列表中。如果读者自行新建 CubeMX 工程，建议把串口外设也配置上。

打开 RTT_EX04.ioc 文件后，在 CubeMX 中配置各个外设相应端口，设置端口模式及其标签名称，如图 6-1 所示。

表 6-1　学习板连接外设端口一览

外　　　设	信号名称	STM32 引脚	说　　　明
独立按键(都为 GPIO_Input 模式)	K1	PE1	上拉输入，低电平有效
	K2	PE2	上拉输入，低电平有效
	K3	PE3	上拉输入，低电平有效
	K4	PE4	上拉输入，低电平有效
	K5	PE5	下拉输入，高电平有效
	K6	PE6	下拉输入，高电平有效
4 位数码管(都为 GPIO_Output 模式)	SER	PC8	74LS595 串行输入
	SCK	PA11	74LS595 串行时钟
	DISLK	PA8	74LS595 锁存信号
	DISEN	PC9	74LS595 输出使能
	A0	PA15	74LS138 输入 A0
	A1	PC10	74LS138 输入 A1
	A2	PC11	74LS138 输入 A3
温度传感器(GPIO_Output 模式)	DATA	PE0	单总线通信
麦克风(ADC1_IN1 模式)	MIC	PA1	模拟信号输入 1 通道

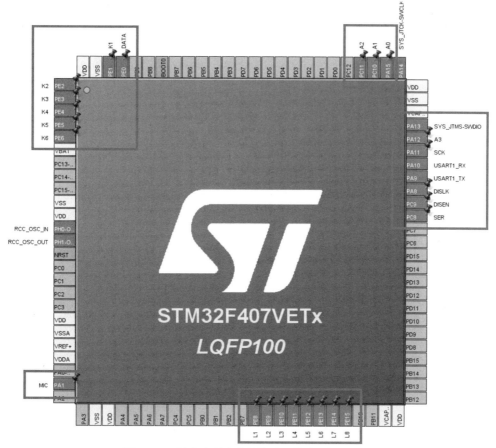

图 6-1　配置本章所有外设的端口模式和标签名称

图 6-1 中，麦克风输入模拟信号连接的 PA1 端口，要用 STM32 内部的 ADC1 模块进行模数转换采集数据，因此 PA1 端口模式要设置为 ADC1_IN1，ADC 的工作参数设置稍后再详细介绍，此处先设置端口模式和标签就行。

温度传感器模块与开发板之间的仿真接口电路如图 6-2 所示，该模块和 STM32 单片机连接仅需一个 GPIO 引脚，通过控制 GPIO 输出电平脉宽来模拟单总线时序。本章示例选择 STM32F407 的 PE0 端口作为单总线连接引脚，在 CubeMX 中设置 PE0 端口工作模式为输出引脚，其标签名称改为"DATA"，以便和传感器驱动程序源码中的端口名称保持一致。

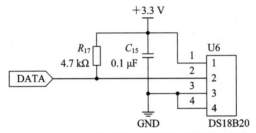

图 6-2 DS18B20 温度传感器模块仿真接口电路

6 个独立按键的仿真电路如图 2-14 所示，根据表 6-1 中的说明，K1～K4 四个按键为上拉输入，按下时为低电平，放开时为高电平。在 CubeMX 中配置 6 个独立按键的 GPIO 模式，配置如图 6-3 所示。

Pin Name	Signal on Pin	GPIO output level	GPIO mode	GPIO Pull-up/Pull-down	Max..	User Label
PE1	n/a	n/a	Input mode	Pull-up	n/a	K1
PE2	n/a	n/a	Input mode	Pull-up	n/a	K2
PE3	n/a	n/a	Input mode	Pull-up	n/a	K3
PE4	n/a	n/a	Input mode	Pull-up	n/a	K4
PE5	n/a	n/a	Input mode	Pull-down	n/a	K5
PE6	n/a	n/a	Input mode	Pull-down	n/a	K6

图 6-3 独立按键 CubeMX 中的配置

4 位数码管的仿真电路如图 2-15 所示，数码管的 8 段数据位由 74HC595 实现串入并出缓存控制，同时通过 74HC138 实现 3-8 译码转换实现 4 位数码管的片选控制。因为只有 4 位数码管，所以片选控制仅 A0、A1 信号有效。而 A3 信号控制 74HC138 输出使能，当 A3 信号为低电平，位选信号输出无效，数码管全灭，A3 信号为高电平时位选输出有效，对应数码管亮。

在 CubeMX 中配置数码管电路对应 8 个单片机引脚的 GPIO 模式，配置如图 6-4 所示，所有引脚均为输出模式。

Pin Name	Sign..	GPIO output level	GPIO mode	GPIO Pull-up/Pull-down	Maximum output..	User Label	Modified
PA8	n/a	Low	Output Push Pull	No pull-up and no pull-down	Low	DISLK	☑
PA11	n/a	Low	Output Push Pull	No pull-up and no pull-down	Low	SCK	☑
PA12	n/a	Low	Output Push Pull	No pull-up and no pull-down	Low	A3	☑
PA15	n/a	Low	Output Push Pull	No pull-up and no pull-down	Low	A0	☑
PC8	n/a	Low	Output Push Pull	No pull-up and no pull-down	Low	SER	☑
PC9	n/a	Low	Output Push Pull	No pull-up and no pull-down	Low	DISEN	☑
PC10	n/a	Low	Output Push Pull	No pull-up and no pull-down	Low	A1	☑
PC11	n/a	Low	Output Push Pull	No pull-up and no pull-down	Low	A2	☑

图 6-4 数码管电路 8 个引脚在 CubeMX 中的配置

表 6-1 中的外设都配置完后，鼠标单击 CubeMX 左侧模块列表中的 RT-Thread 模块，

确认是否如图 4-10 所示，已启用 RT-Thread 系统并开启动态内存堆功能。再切换到 NVIC 模块的"Code generation"界面，确认是否如图 4-12 所示，已关闭默认生成"Hard fault interrupt"中断回调函数代码。

接下来点击 CubeMX 界面上方的"Clock Configuration"，系统时钟保持之前的设置不变，都设置为 8 MHz 外部晶振，经 PLL 锁相环倍频到 168 MHz。最后切换到"Project Manager"界面，导出 RTT_EX04 的 MDK 工程，即完成了本次示例工程的外设配置。

6.2 数码管动态扫描

启动 Keic MDK 软件，打开 RTT_EX04 工程，双击左侧工程文件列表中的 gpio.c 文件，在已有的 ScanKey()函数之后，添加数码管驱动函数，代码如下所示：

```
/* USER CODE BEGIN 0 */
#include <rtthread.h>
/* USER CODE END 0 */
...

/* USER CODE BEGIN 2 */
...

// 单个数码管显示
void Write595(uint8_t sel, uint8_t num, uint8_t bdot) {
    // 共阴数码管，'0'～'9'，'A'～'F' 编码
    static const uint8_t TAB[16] = {
            0x3F, 0x06, 0x5B, 0x4F, 0x66, 0x6D, 0x7D, 0x07,
            0x7F, 0x6F, 0x77, 0x7C, 0x39, 0x5E, 0x79, 0x71};

    // 74HC138 数码管显示
    HAL_GPIO_WritePin(A3_GPIO_Port, A3_Pin, GPIO_PIN_RESET);

    uint8_t dat = TAB[num & 0x0F] | (bdot ? 0x80 : 0x00);
    if (' ' == num)        dat = 0;        // 空格关闭显示
    else if ('.' == num)    dat = 0x80;    // 单独小数点显示
    else if ('-' == num)    dat = 0x40;    // 负号显示
    else if (num > 0x0F) dat = num;        // 其余数值按实际段码显示
```

```
// 595 串行移位输入段码
for (uint8_t i = 0; i < 8; ++i) {
    HAL_GPIO_WritePin(SCK_GPIO_Port, SCK_Pin, GPIO_PIN_RESET);
    HAL_GPIO_WritePin(SER_GPIO_Port, SER_Pin,
(dat & 0x80) ? GPIO_PIN_SET : GPIO_PIN_RESET);
    dat <<= 1;
    HAL_GPIO_WritePin(SCK_GPIO_Port, SCK_Pin, GPIO_PIN_SET);
}
// DISLK 脉冲锁存 8 位输出
HAL_GPIO_WritePin(DISLK_GPIO_Port, DISLK_Pin, GPIO_PIN_RESET);
HAL_GPIO_WritePin(DISLK_GPIO_Port, DISLK_Pin, GPIO_PIN_SET);

// 4 位数码管片选(A1A0 组成 2 位二进制数)
HAL_GPIO_WritePin(A0_GPIO_Port, A0_Pin,
                   (sel & 0x01) ? GPIO_PIN_SET : GPIO_PIN_RESET);
HAL_GPIO_WritePin(A1_GPIO_Port, A1_Pin,
                   (sel & 0x02) ? GPIO_PIN_SET : GPIO_PIN_RESET);
HAL_GPIO_WritePin(A2_GPIO_Port, A2_Pin, GPIO_PIN_RESET);

// 74HC138 开数码管显示
HAL_GPIO_WritePin(A3_GPIO_Port, A3_Pin, GPIO_PIN_SET);
}

// 4 位数码管动态扫描显示
void DispSeg(char dat[8]) {
    uint8_t sel = 0;                    // 数码管位选
    uint8_t bdot = 0;                   // 是否有小数点
    for(uint8_t i = 0; i < 8; ++i) {
        uint8_t num = dat[i];
        if (dat[i] != '.') {
            if (dat[i + 1] == '.')
                bdot = 1;               // 下一位小数点合并到当前位显示
        }
        else {                          // 小数点处理
            if (bdot) {
                bdot = 0;
                continue;               // 跳过已经合并显示的小数点
            }
```

```
        }

        // 十六进制字符显示支持
        if (num >= '0' && num <= '9')        num -= '0';
        else if (num >= 'A' && num <= 'F')  num = num - 'A' + 10;
        else if (num >= 'a' && num <= 'f')  num = num - 'a' + 10;

        // 点亮对应数码管
        Write595(sel++, num, bdot);
        rt_thread_delay(3);                  // 延时 3 ms
        if (sel >= 4)                        // 只显示 4 位数码管
            break;
    }
}
/* USER CODE END 2 */
```

上述代码中，Write595()函数用于实现单个数码管的点亮显示，DispSeg()函数用于实现一次循环轮流切换每一位数码管以显示不同的字符。单次调用 DispSeg()函数在 4 位数码管上显示对应内容后，仅有最后一位数码管保留显示。如果需要所有数码管保持常亮显示，则需要持续调用 DispSeg()函数对数码管进行动态刷新显示，此时因为人眼视觉暂留效应，4 位数码管的快速切换显示效果就类似同时显示了 4 位字符。

将 DispSeg 函数声明加入 gpio.h 头文件中，方便在数码管任务函数中调用该函数，修改 gpio.h 文件如下：

```
/* USER CODE BEGIN Prototypes */
void DispSeg(char dat[8]);
/* USER CODE END Prototypes */
```

最后，打开 main.c 文件，修改 main()主函数，实现在数码管上显示按键键码的程序功能，当按下一个或多个按键时，数码管上应该能显示按下按键的键码十六进制数值，显示数值应该和串口调试助手显示的数值相同。

```
/* USER CODE BEGIN Includes */
#include <rtthread.h>
#include <string.h>
#include <stdio.h>
/* USER CODE END Includes */

...

/* USER CODE BEGIN PD */
```

```c
#define KEY_MASK    (K1_Pin | K2_Pin | K3_Pin | K4_Pin | K5_Pin | K6_Pin)
/* USER CODE END PD */

int main(void) {
    ...

    /* USER CODE BEGIN WHILE */
    InitMyThread();

    char buf[20] = "";
    uint32_t mail = 0;
    while (1) {
        // 等待 1 ms 接收邮箱邮件(按键键码)
        if (rt_mb_recv(mb, (rt_ubase_t *)&mail, 1) == RT_EOK) {
            rt_kprintf("KEY CODE: 0x%X\n", mail);        // 打印接收到的键码
            if (mail > 0)      sprintf(buf, "%04X", mail);   // 显示键码
            else               sprintf(buf, " ");            // 清空显示
        }
        DispSeg(buf);                                        // 数码管动态扫描
        /* USER CODE END WHILE */

        /* USER CODE BEGIN 3 */
    }
    /* USER CODE END 3 */
}
```

　　编译工程成功后参考 4.4.4 章节内容下载程序到学习板，按下按键，观察 4 位数码管显示内容和串口调试助手，验证程序运行结果是否符合设计功能要求。如果 K5、K6 两个按键按下时显示没有变化，或者键码不对，检查 gpio.c 文件中的 ScanKey()函数是否有正确扫描 K5、K6 两个按键输入端口电平。

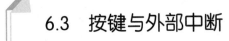

6.3　按键与外部中断

　　4.4 节的 RTT_EX02 工程中已经演示了基本的按键扫描功能，本节将使用外部中断的方式检测按键动作。复制 RTT_EX04 工程文件夹创建一个副本，将副本名称改为 RTT_EX04_EXTI。重新打开 EX04_EXTI 的 CubeMX 工程，在 CubeMX 的器件视图中重新

设置 6 个按键的工作模式为外部中断模式，如图 6-5 所示。

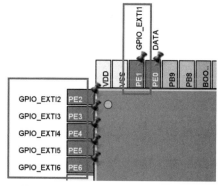

图 6-5 修改 6 个按键工作模式为外部中断模式

然后依次单击左侧的"System Core"→"GPIO"模块，切换到如图 6-6 所示 GPIO 配置界面，设置 6 个按键的标签名称，分别为 K1~K6。设置前 4 个按键为上拉模式，其外部中断触发方式为下降沿触发，后 2 个按键为下拉模式，其外部中断触发方式为上升沿触发。

Pin Name	Si...	GPIO	GPIO mode	GPIO Pul	Maxi..	User ...	Modifi..
PE1	n/a	n/a	External Interrupt Mode with Falling edge trigger detection	Pull-up	n/a	K1	☑
PE2	n/a	n/a	External Interrupt Mode with Falling edge trigger detection	Pull-up	n/a	K2	☑
PE3	n/a	n/a	External Interrupt Mode with Falling edge trigger detection	Pull-up	n/a	K3	☑
PE4	n/a	n/a	External Interrupt Mode with Falling edge trigger detection	Pull-up	n/a	K4	☑
PE5	n/a	n/a	External Interrupt Mode with Rising edge trigger detection	Pull-down	n/a	K5	☑
PE6	n/a	n/a	External Interrupt Mode with Rising edge trigger detection	Pull-down	n/a	K6	☑

图 6-6 GPIO 配置

接下来，选择左侧"NVIC"模块，勾选 6 个按键对应的外部中断，并设置中断优先级都为 5，如图 6-7 所示。

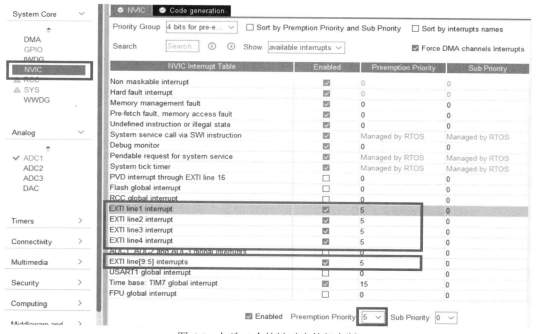

图 6-7 勾选 6 个按键对应外部中断

重新导出 MDK 工程，启动 Keil MDK 软件打开该工程后，打开 main.c 源文件，然后向其后添加 HAL 库的外部中断回调函数，并且修改初始化线程 InitMyThread()函数，代码如下：

```
/* USER CODE BEGIN 0 */
...
void InitMyThread(void) {
  rt_err_t result;                               // 临时变量，获取各 API 返回状态
  // 创建邮箱
  mb = rt_mb_create("mbt",                       // 邮箱名称
                    32,                          // 邮箱最大容量(最多存放 32 个邮件)
                    RT_IPC_FLAG_FIFO);           // 线程等待方式 FIFO
  if (mb == RT_NULL)
    rt_kprintf("初始化邮箱错误！\n");

  // 将创建按键扫描线程代码注释掉，不启用按键扫描线程
  // threadKey = rt_thread_create("threadKey",              // 线程名称
  //                       KeyScanEntry, RT_NULL,           // 线程入口函数及其参数
  //                       512,                             // 线程栈空间大小
  //                       RT_THREAD_PRIORITY_MAX / 2,      // 线程优先级
  //                       10);                             // 线程最小时间片
  // if (threadKey != RT_NULL)
  //    rt_thread_startup(threadKey);                        // 启动线程
  // else
  // rt_kprintf("启动按键扫描线程失败！\n");
}

void HAL_GPIO_EXTI_Callback(uint16_t GPIO_Pin){ // HAL 库外部中断回调函数
 switch (GPIO_Pin) {
    case K1_Pin:
    case K2_Pin:
    case K3_Pin:
    case K4_Pin:     // 因为 K1～K4 四个按键都在 PE Port 上，可以合并处理
        if (HAL_GPIO_ReadPin(K1_GPIO_Port, GPIO_Pin) == GPIO_PIN_RESET)
            rt_mb_send(mb, GPIO_Pin);            // 将有效按键键码作为邮件发送到邮箱
        break;
    case K5_Pin:
    case K6_Pin:                    // 因为 K5～K6 四个按键都在 PE Port 上，可以合并处理
        if (HAL_GPIO_ReadPin(K5_GPIO_Port, GPIO_Pin) == GPIO_PIN_SET)
```

```
                rt_mb_send(mb, GPIO_Pin);        // 将有效按键键码作为邮件发送到邮箱
            break;
        default:
            break;
    }
}
/* USER CODE END 0 */
```

　　编译成功后，下载程序并测试查看是否在按动任意按键时能在数码管上显示键码，由此验证外部中断功能是否正确。

　　值得注意的是，在外部中断回调函数中不能添加 HAL_Delay()或 rt_thread_delay()函数，否则程序容易卡死。而且和之前使用按键扫描线程示例不同，外部中断的键码显示示例在同时按住多个按键时，只能显示最后按下的按键键码。

6.4　麦克风与 ADC 应用

6.4.1　ADC 模块介绍

　　STM32F407 有三路 ADC，分别是 ADC1、ADC2、ADC3，每一路有 18 个通道(16 个外部输入和 2 个内部通道)。但是三路 ADC 并不是意味着每路 18 个通道就总共有 48 个不同通道，因为三路 ADC 有些通道是公用的，事实上 STM32F407 的三路 ADC，累计外部输入共有 23 个通道可以使用。学习板提供多个 ADC 输入通道，常用的输入通道和连接端口如表 6-2 所示。

表 6-2　学习板 ADC 输入连接外设端口一览

STM32F407 端口	ADC 通道	连接外设
PA1	ADC1_IN1	麦克风
PB0	ADC1_IN8	触摸按键
PC0	ADC1_IN10	外部模拟信号输入
PC1	ADC_IN11	外部模拟信号输入

　　ADC 的时钟 ADCCLK 是一个非常关键的因素。ADCCLK 的时钟来自于 APB2(默认 168 MHz 时钟频率时，APB2 为系统时钟的 2 分频，即 84 MHz)，最终 ADCCLK 的时钟是通过 PCLK2 通过 2、4、6、8 分频而来。

　　在 CubeMX 中添加 ADC 外设时，ADCCLK 默认为 PCLK2 的 4 分频(21 MHz)，通过调节 HCLK 和分频系数可以调大频率，但不超过 36 MHz。

接下来创建 ADC 采样示例工程。关闭 Keil MDK 软件，复制 RTT_EX04 工程文件夹并创建一个副本，将副本名称改为 RTT_EX04_ADC，重新打开 RTT_EX04_ADC 的 CubeMX 工程，准备添加 ADC 模块进行麦克风模拟信号采样。如图 6-8 所示，先在器件引脚视图中确认设置了麦克风所连的 PA1 端口作为 ADC1 的输入 1 通道，并将其标签名称修改为 MIC。

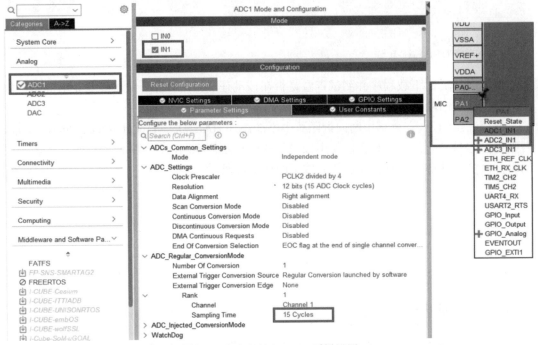

图 6-8　麦克风输入 ADC 采样设置

ADC 的采样时间按照如下公式计算：

$$T_{conv} = 采样时间 + CPU周期$$

当采样时间为 CPU 周期时，总的转换时间为 30 个 ADCCLK，ADCCLK 在 21 MHz 下的采样频率即为 21MHz/30 = 700 kHz。

各通道的 ADC 转换以单次、连续、扫描或间断的模式执行。当一次采样被内部软件或者外部信号触发后，可以只采样一次，也可以一直连续采样。如果扫描采样一组多个通道，采样完最后一个通道时，会回到序列中的第一个通道继续采样。

间断模式是将常规或注入组里的扫描序列再切割成更小的组，一次触发采样完一个小组内的通道后就会停止。在扫描模式和连续模式下，如果每次都将保存采样值的寄存器数据读出来处理很可能时间来不及，此时就需要采用 DMA 方式进行采样，可以让每次转换过的数值都经 DMA 传到指定的内存空间里，节省 CPU 处理时间。

本节示例将进行多种 ADC 采样方式的程序演示，暂时先不在 CubeMX 中添加 DMA 相关设置，点击 "GENERATE CODE" 按钮重新生成 RTT_EX04_ADC 的 MDK 工程。

6.4.2　麦克风 ADC 采样示例

STM32 HAL 库对 ADC 外设模块提供了多个函数支持，表 6-3 是程序设计时常用的几个 ADC 操作函数。

表 6-3　HAL 库常用 ADC 操作函数

函 数 名 称	说　　明
HAL_ADC_Start	开始以查询方式进行 ADC 采样
HAL_ADC_Stop	停止以查询方式进行 ADC 采样
HAL_ADC_PollForConversion	以查询方式等待进行 ADC 采样完成
HAL_ADC_Start_IT	开始以中断方式进行 ADC 采样
HAL_ADC_Stop_IT	停止以中断方式进行 ADC 采样
HAL_ADC_Start_DMA	开始以 DMA 方式进行 ADC 采样
HAL_ADC_Stop_DMA	停止以 DMA 方式进行 ADC 采样
HAL_ADC_GetValue	读取 ADC 采样结果
HAL_ADC_IRQHandler	ADC 采样中断函数
HAL_ADC_ConvCpltCallback	ADC 采样中断/DMA 方式回调函数

1. 轮询方式采样

启动 Keil MDK 软件，打开刚才重新导出的 RTT_EX04_ADC 工程，然后在 main.c 文件中添加一个麦克风数据采样线程 MicThread，在线程循环中，每隔 100 ms 用 HAL_ADC_Start()启动一次采样，用 HAL_ADC_PollForConversion()等待转换结束，之后用 HAL_ADC_GetValue()读取采样数据，实现麦克风数据连续采样并打印输出，具体代码如下：

```
/* USER CODE BEGIN 0 */
static rt_thread_t threadKey = RT_NULL;        // 按键扫描线程对象
static rt_thread_t threadMic = RT_NULL;        // 麦克风采样线程对象
volatile uint32_t g_mic_val = 0;               // 麦克风采样数据
static rt_mailbox_t mb = RT_NULL;              // 邮箱对象


/* 按键扫描线程入口函数 */
...

/* 麦克风采样线程入口函数 */
void MicEntry(void* parameter) {
    while (1) {
        HAL_ADC_Start(&hadc1);   // 开始以查询方式进行 A/D 采样
        if(HAL_ADC_PollForConversion(&hadc1, 10) == HAL_OK) {        // 等待采样完成
            g_mic_val = HAL_ADC_GetValue(&hadc1);                    // 读取麦克风数据
            rt_kprintf("mic adval:%d\n", g_mic_val);                 // 打印数值
```

```
        }
        rt_thread_delay(100);          // 演示 100 ms
    }
}

void InitMyThread(void) {
    rt_err_t result;                   // 临时变量，获取各 API 返回状态
    // 创建邮箱
    ...
    // 创建按键扫描线程
    ...
    // 创建麦克风采样线程
    threadMic = rt_thread_create("threadMic",          // 线程名称
                        MicEntry, RT_NULL,             // 线程入口函数及其参数
                        512,                           // 线程栈空间大小
                        RT_THREAD_PRIORITY_MAX / 2,    // 线程优先级
                        10);                           // 线程最小时间片
    if (threadMic != RT_NULL) rt_thread_startup(threadMic);   // 启动线程
    else      rt_kprintf("启动麦克风采样线程失败！\n");
}

int main(void) {
    ...
    /* USER CODE BEGIN WHILE */
    InitMyThread();
    char buf[20];
    while (1) {
        sprintf(buf, "%04d", g_mic_val);              // 数码管显示麦克风数据
        DispSeg(buf);
        /* USER CODE END WHILE */

        /* USER CODE BEGIN 3 */
    }
    /* USER CODE END 3 */
}
```

编译成功后，下载程序到学习板进行测试，麦克风采样的打印数据结果如图 6-9 所示，在相对安静的环境下，打印数据比较稳定，对着麦克风说话或者吹气时可以看到打印数据有明显变化。观察数码管显示可以看到，尽管麦克风数据采样频率很快，但是因为数码管

动态扫描和数据采样分别在不同线程中进行，所以数码管的动态扫描显示没有出现闪烁抖动问题。

图 6-9 麦克风 ADC 采样打印结果

2. 中断方式采样

使用中断方式进行 ADC 采样，需要开启 ADC 中断。关闭 Keil MDK 软件再重新打开 RTT_EX04_MIC 的 CubeMX 工程。如图 6-10 所示，在 CubeMX 中配置 ADC 中断，然后重新单击"GENERATE CODE"按钮，导出 MDK 工程。

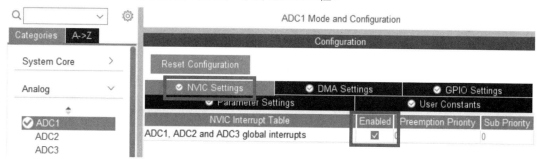

图 6-10 在 CubeMX 中开启 ADC 中断

重新打开导出的 MDK 工程，在 main.c 文件中的 InitMyThread()函数后添加 ADC 采样中断回调函数功能代码，注意函数名称不能错，代码如下：

```
/* USER CODE BEGIN 0 */
static rt_thread_t threadKey = RT_NULL;        // 按键扫描线程对象
static rt_thread_t threadMic = RT_NULL;        // 麦克风采样线程对象
volatile uint32_t g_mic_val = 0;               // 麦克风采样数据
static rt_sem_t sem = RT_NULL;                 // 定义信号量句柄
static rt_mailbox_t mb = RT_NULL;              // 邮箱对象
...

void InitMyThread(void)
...
void HAL_ADC_ConvCpltCallback(ADC_HandleTypeDef* hadc){
 if (hadc == &hadc1)                           // 如果是 ADC1 的转换完成中断
    rt_sem_release(sem);                        // 释放二值信号量，允许采样线程读取 ADC 数据
}
/* USER CODE END 0 */
```

然后修改 MicEntry() 线程函数功能代码，先创建 sem 信号量，然后在线程循环中启用 ADC 采样的同时开启中断，并等待获取信号量，获取信号量之后即可读取并打印麦克风采样数据，代码如下：

```
/* 麦克风采样线程入口函数 */
void MicEntry(void* parameter) {
    // 创建信号量，初始值设置为 0，线程等待方式为先入先出
    sem = rt_sem_create("sem", 0, RT_IPC_FLAG_FIFO);
    if (RT_NULL == sem) {
        rt_kprintf("create sem error!\n");
        return;
    }


    while (1) {
        HAL_ADC_Start_IT(&hadc1);                       // 启动 ADC 采样，同时开启中断
        rt_sem_take(sem, RT_WAITING_FOREVER);           // 获取信号量，无限等待
        g_mic_val = HAL_ADC_GetValue(&hadc1);           // 读取 ADC 数据
        rt_kprintf("mic adval:%d\n", g_mic_val);        // 打印数据
        rt_thread_delay(100);                           // 延时 100 ms 减慢打印速度
    }
}
```

编译成功后，下载程序到学习板上测试运行，观察结果是否和之前轮询方式采样的相似。

3. DMA 方式连续采样

查询方式进行 ADC 采样需要消耗比较多的 CPU 时间，更高效的方法是通过 DMA 传输方式进行 ADC 采样。接下来的示例使用 DMA 对输入通道连续采样 8 次，8 次采样完成之后触发一次中断，在 ADC 转换完成回调函数中直接读取数据缓冲即可以对数据进行处理了。关闭 Keil MDK 软件，重新打开 RTT_EX04_ADC 的 CubeMX 工程，在 CubeMX 中添加 DMA 设置，如图 6-11 所示。

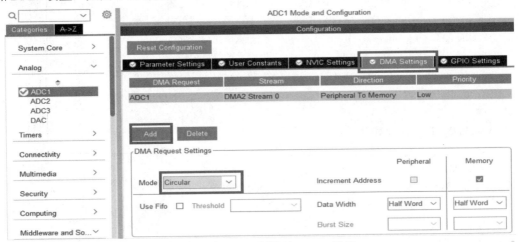

图 6-11　为 ADC 采样添加 DMA 设置

然后在"Parameter Setlings"界面设置连续转换模式和使能 DMA 连续采样请求，如图
6-12 所示。

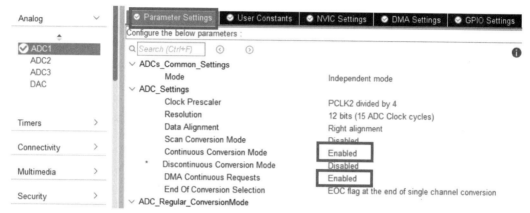

图 6-12 　使能 DMA 连续采样请求

设置完成后，重新导出生成 MDK 工程 RTT_EX04_ADC，打开该工程后，修改 main.c
文件，添加声明 DMA 采样数据缓冲，代码如下：

```
/* USER CODE BEGIN 0 */
static rt_thread_t threadKey = RT_NULL;      // 按键扫描线程对象
static rt_thread_t threadMic = RT_NULL;      // 麦克风采样线程对象
volatile uint32_t g_mic_val = 0;             // 麦克风采样数据
uint16_t dma_buff[8];                        // DMA 采样数据缓冲
static rt_sem_t sem = RT_NULL;               // 定义信号量句柄
static rt_mailbox_t mb = RT_NULL;            // 邮箱对象
...
```

接下来修改 ADC 采样中断回调函数，在该函数中做均值滤波处理，代码如下：

```
void HAL_ADC_ConvCpltCallback(ADC_HandleTypeDef* hadc) {
    if (hadc == &hadc1) {                         // 如果是 ADC1 的转换完成中断
        int sum = 0;                              // 定义临时累加和变量
        for (int i = 0; i < 8; ++i) sum += dma_buff[i];   // 累加
        g_mic_val = sum / 8;                      // 计算均值
        rt_sem_release(sem);                      // 释放二值信号量，允许采样线程打印数据
    }
}
/* USER CODE END Application */
```

最后，修改 MicEntry()线程函数，在线程循环之前启动 DMA 采样，且在线程循环中等
待获取信号量，获取信号量之后即可打印麦克风采样数据，代码如下：

```
void MicEntry(void* parameter) {
```

```
// 创建信号量，初始值设置为 0，线程等待方式为先入先出
sem = rt_sem_create("sem", 0, RT_IPC_FLAG_FIFO);
if (RT_NULL == sem) {
    rt_kprintf("create sem error!\n");
    return;
}

HAL_ADC_Start_DMA(&hadc1, (uint32_t *)dma_buff, 8);    // 启动 DMA 方式采样
while (1) {
    rt_sem_take(sem, RT_WAITING_FOREVER);              // 获取信号量，无限等待
    rt_kprintf("mic adval:%d\n", g_mic_val);           // 打印数据
    rt_thread_delay(100);                              // 延时 100 ms 减慢打印速度
    }
}
```

编译成功后，下载程序到学习板上测试运行，观察结果并将其与之前的采样示例对比。

实验　声控延时亮灯设计

一、实验目标

熟悉基于 HAL 库的 ADC 数据采样功能，基于学习板的麦克风、数码管和 LED 灯外设，实现一个声控延时亮灯应用。

二、实验内容

(1) 参照 RTT_EX04_ADC 示例，在 CubeMX 中添加 LED 灯、按键、数码管和麦克风端口，并配置相应端口模式和外设模块。

(2) 添加程序代码，利用麦克风监测环境声音，当采样数据达到某个阈值上点亮 8 个 LED 灯，并在数码管上做 10 s 倒计时显示，倒计时结束时 LED 灯熄灭。

(3) 在倒计时过程中，如果采样数据又达到阈值，重新开始 10 s 倒计时，防止 LED 灯过早熄灭。

附加要求：

(1) 修改程序设计思路，不使用采样数据的简单比较进行判断，而根据采样声音的震动强度来进行亮灯控制，以提高亮灯控制的稳定性和可用性。

(2) 使用按键 K2 进入/K3 退出设置模式，在设置模式下，数码管显示阈值大小，并可用按键 K1、K4 调整阈值。设置模式下 LED 灯一直熄灭，退出设置模式后重新开始声控亮灯功能。

第 7 章

数 据 采 集

数据采集是指将传感器感知到的物理量转化为数字信号，供单片机进一步处理分析。当传感器受到外界作用时会产生模拟电信号，该电信号经过放大与滤波后进行模数转换。数据采集是嵌入式系统与外界交互的重要手段。

7.1 DS18B20 温度传感器

DS18B20 是由 DALLAS 半导体公司推出的一种的"单总线"接口的温度传感器。与传统的热敏电阻等测温元件相比，它是一种新型的体积小、适用电压宽、与微处理器接口简单的数字化温度传感器。单总线结构具有简洁且经济的特点，可使用户轻松地组建传感器网络，方便构建测量系统。DS18B20 的测量温度范围为-55～+125℃，精度为±0.5℃。现场温度直接以"单总线"的数字方式传输，大大提高了系统的抗干扰性。它能直接读出被测温度，并且可根据实际要求通过简单的编程实现 9～12 位的数字值读数方式。它工作在 3～5.5V 的电压范围，采用多种封装形式，从而使系统设计灵活、方便。设定的分辨率及用户设定的报警温度存储在 EEPROM 中，掉电后依然保存。

下图所示为本次实验用到的 DS18B20 温度采集模块实物，从图中可以看到该模块有三个引脚，接入开发板时注意 VCC 引脚连接到 3.3 V 电源。

图 7-1　开发板实物图

图 7-2 所示为本次实验中开发板上 DS18B20 的接口和 STM32 的连接电路。从图中可以看出，PE0 连接 U6 对应的 2 引脚。

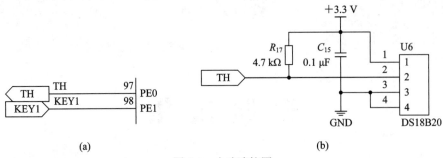

图 7-2 电路连接图

单总线协议指的是主机和从机通过 1 根线通信，单条总线上可挂接多个从机。该协议采用单根信号线，既传输时钟，又传输数据，而且数据传输是双向的，因而线路简单，硬件开销少，成本低廉，便于总线扩展和维护

所有的单总线器件要求采用严格的信号时序，以保证数据的完整性。DS18B20 共有 6 种信号：复位脉冲、应答脉冲、写 0、写 1、读 0 和读 1。这些信号，除了应答脉冲以外，都由主机发出同步信号，并且发送的所有命令和数据都是字节的低位在前。

为了便于读懂 DS18B20 驱动源码，特别在此介绍一下单总线的通信过程：

(1) 初始化：基于单总线上的所有传输过程都是以初始化开始的，初始化过程由主机发出的复位脉冲和从机响应的应答脉冲组成。应答脉冲使主机知道总线上有从机，且准备就绪。

(2) 发出 ROM 命令：在主机检测到从机的应答脉冲后，就可以发出 ROM 命令，这些命令与各个从机的唯一 64 位 ROM 代码相关，允许主机在单总线上连接多个从机时，指定操作某个从机。DS18B20 的驱动源码对应单个模块的连接应用，仅使用了跳过 ROM 命令。

(3) 发出功能命令：每个单总线器件都有自己的专用功能命令，可参照各自器件的数据手册。

DS18B20 的单总线通信时的初始化时序如图 7-3 所示。

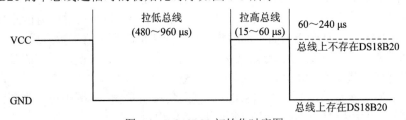

图 7-3 DS18B20 初始化时序图

在初始化时序期间，首先总线复位到高电压，然后总线控制器拉低总线并保持 480 μs(延时可以在 480～960 μs 之间，但需要在 480 μs 以内释放总线)以发出一个复位脉冲，之后释放总线，进入接收状态(等待 DS18B20 应答)。总线释放后，单总线由上拉电阻拉到高电平。当 DS18B20 探测到 I/O 引脚上的上升沿后，等待 15～60 μs 后其以拉低总线 60～240 μs 的方式发出应答脉冲，如果为 1 则表示总线上不存在 DS18B20，反之则表示存在。至此，初始化时序完毕。

DS18B20 的单总线通信时的读、写时序如图 7-4 所示。

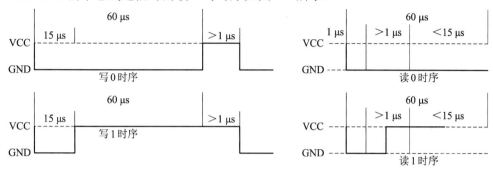

图 7-4　DS18B20 的读、写时序图

主机在写时序向 DS18B20 写入数据，其中分为写 0 时序，和写 1 时序。总线主机使用写 1 时序向 DS18B20 写入逻辑 1，使用写 0 时序向 DS18B20 写入逻辑 0。所有的写时序必须有最少 60 μs 的持续时间，相邻两个写时序必须要有最少 1 μs 的恢复时间。两种写时序都通过主机拉低总线产生。在拉低总线后主机必须在 15 μs 内释放总线。当总线被释放后，上拉电阻将总线恢复为高电平。为了产生写 0 时序，当拉低总线后主机必须继续拉低总线以满足时序持续时间的要求(至少 60 μs)。

在主机产生写时序后，DS18B20 会在其后的 15～60 μs 的一个时间段内采样单总线(DQ)。在采样的时间窗口内，如果总线为高电平，主机会向 DS18B20 写入 1；如果总线为低电平，主机会向 DS18B20 写入 0。

综上所述，拉低总线后，给总线赋值(0 或者 1)，在 15 μs 之内应将所需写的数据送到总线上，所有的写时序必须至少有 60 μs 的持续时间，相邻两个写时序必须要有最少 1 μs 的恢复时间。

写时序代码如下(写字节函数、由低位至高位，向 DS18B20 写入一个字节的数据，无返回值，形参 byte 是待写入的字节数据，读取 8 次，移位 8 次，保证每位都传输至 DQ)：

```
void DS18B20WriteByte(unsigned char Dat)
{
    unsigned char i;
    for(i = 8; i > 0; i--)
    {
        ResetDQ();              //在 15μs 内将数据送到总线上，DS18B20 在 15～60μs 读数
        delayUS_DWT(5);        //延时 5μs
        if(Dat & 0x01)
            SetDQ();
        else
            ResetDQ();
        delayUS_DWT(65);       //65μs
        SetDQ();
        delayUS_DWT(2);        //连续两位间应大于 1μs
```

```
        Dat >>= 1;
    }
}
```

对于读时序来说，所有读时序必须最少 60 μs，包括两个读周期间至少 1 μs 的恢复时间。当总线控制器把数据线从高电平拉到低电平时，读时序开始，数据线必须至少保持 1 μs 后总线才被释放。DS18B20 通过拉高或拉低总线上来传输"1"或"0"。当传输逻辑"0"结束后，总线将被释放，并通过上拉电阻回到上升沿状态。从 DS18B20 输出的数据在读时序的下降沿出现后 15 μs 内有效。因此，总线控制器在读时序开始后必须停止把 I/O 口驱动为低电平 15 μs，以读取 I/O 口状态。

读时序代码(读字节函数、由低位至高位，读取 DS18B20 所采集到的数据，带返回值，byte 是读取到的字节数据。其中，此函数读取 8 次，移位 7 次(实际移位 8 次))如下：

```
unsigned char DS18B20ReadByte(void)
{
    unsigned char i,Dat;
    SetDQ();
    delayUS_DWT(5);
    for(i = 8; i > 0; i--)
    {
        Dat >>= 1;
        ResetDQ();              //从读时序开始到采样信号线必须在 15 μs 内，且采样在 15 μs 后
        delayUS_DWT(5);         //5 μs
        SetDQ();
        delayUS_DWT(5);         //5 μs
        if(GetDQ())
            Dat |= 0x80;
        else
            Dat &= 0x7f;
        delayUS_DWT(65);        //65 μs
        SetDQ();
    }
    return Dat;
}
```

DS18B20 的功能命令如表 7-1 所示。

表 7-1　DS18B20 功能命令

命　令	描　述	命令代码	总线相应信息
转换温度	启动温度转换	44h	无
读存储器	读全部的存储器内容，包括 CRC 字节	BEh	DS18B20 传输 9 个字节到主机

续表

命　令	描　　述	命令代码	总线相应信息
写存储器	写存储器第 2、3 和 4 个字节的数据(即 TH、TL 和配置寄存器)	4Eh	主机传输 3 个字节数据到 DS18B20
复制存储器	将存储器中的 TH、TL 和配置字节复制到 EEPROM	48h	无
回读 EEPROM	将 TH、TL 和配置字节从 EEPROM 回读到存储器中	B8h	DS18B20 传送回读状态到主机

　　本书配套资源中已经提供了 DS18B20 温度传感器的驱动文件包 DS18B20.zip，将该压缩包解压缩出来能得到一个名为 DS18B20 的文件夹，里面有两个温度传感器驱动程序源码文件：DS18B20.h 和 DS18B20.c 文件。

　　DS18B20.h 源码如图 7-5 所示，其中声明了模块的两个操作函数，使用该驱动时比较简单，先在任务循环前初始化模块，然后在任务循环中定时读取温度数据就可以了。注意：温度读取间隔时间不要太短，两次读取间隔时间尽量大于 800 ms 以留足温度转换时间；温度采集任务的优先级不要太低，以免高优先级任务过度抢占温度采集任务执行时间导致 DS18B20 温度读取异常。

```
#ifndef __DS18B20_H__
#define __DS18B20_H__

#include "main.h"

void ds18b20_init(void);
float ds18b20_read(void);

#endif
```

图 7-5　DS18B20.h 源码

　　在 EX04_OLED 工程基础上，复制一份工程文件夹，并重命名工程为 EX05_DATA。

　　如图 7-6 所示，添加开发板上的单总线数据端口 PE0，输出端口模式命名为 DATA，添加串口 1 模块，最后导出 MDK 工程。

　　导出 MDK 工程后将前述包含驱动文件的 DS18B20 文件夹复制到导出 MDK 工程文件夹的 Drivers 子目录下，如图 7-6 所示。

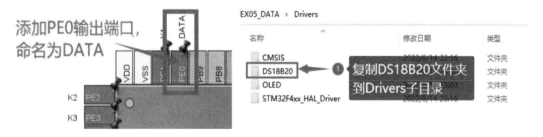

图 7-6　引脚以及复制驱动文件操作

打开 MDK 工程，将 DS18B20 驱动程序源码添加到工程中，如图 7-7 所示。

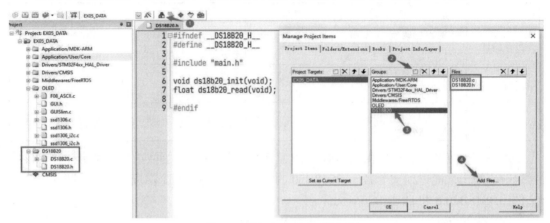

图 7-7　添加 DS18B20 驱动

接着设置工程选项中的 C/C++界面，将 DS18B20 源码所在路径添加到工程包含路径列表中，如图 7-8 所示。

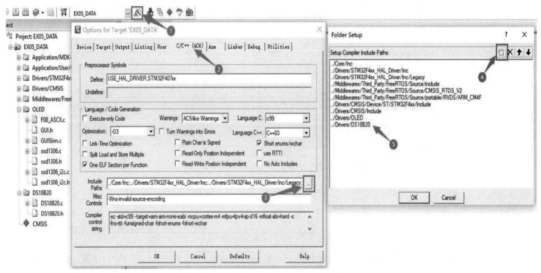

图 7-8　DS18B20 驱动代码添加

首先参考流水灯实验，在 usart.c 文件开头添加 putc()函数的重写代码，使得 printf()输出打印到串口 1。然后修改 freertos.c 文件，在文件开头添加 stdio.h 和 DS18B20.h 头文件，代码如下：

```
/* USER CODE BEGIN Includes */
#include <stdio.h>
#include "gpio.h"
#include "gui.h"
#include "DS18B20.h"
/* USER CODE END Includes */
```

之后修改 freertos.c 中的默认任务函数，删除之前的流水灯相关代码，添加传感器初始化和定时打印读取温度数值的功能，相关代码如下：

```
void StartDefaultTask(void *argument) {
/* USER CODE BEGIN StartDefaultTask */
uint32_t tick = 0;                                          // 定义变量存储时间戳
ds18b20_init();                                             // 初始化温度传感器
    for(;;) {
uint32_t ct = osKernelGetTickCount();
if (ct >= tick) {
    tick = ct + 1000;                                       // 1 s 时间间隔
    float temp = ds18b20_read();                            // 读取传感器温度数据
    printf("time:%.1fs, temp = %.1f\n", ct / 1000.0f, temp); // 打印温度，1 位小数
}
    osDelay(100);
    }
/* USER CODE END StartDefaultTask */
    }
```

编译下载程序，测试结果如下所图 7-9 所示。

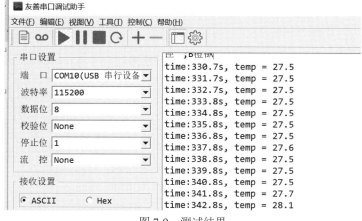

图 7-9　测试结果

7.2　温度数据采集

温度数据采集程序功能划分大致如下：

(1) StartDefaultTask：数据采集主任务，读取并打印温度采集模拟信号。

(2) StartKEYTask：按键扫描任务，读取用户按键，执行按键动作。

(3) StartGUITask：显示交互任务，显示参数、数据。

温度数据采集程序中还可以再添加一个串口通信任务，用来接收串口命令，上传串口数据。

一般而言，数据采集任务比较重要，优先级可以设置高一点，以防止其他任务影响数据采集时序。显示交互任务优先级可以调低，刷新显示要求不频繁的时候，循环延时可以调到 50 ms 以上。根据上述功能划分，接下来将在前述 DMA 采样的 MDK 工程基础上，演示一个具有报警阈值可调的温度报警器的软件设计过程，步骤如下：

(1) 修改 freertos.c 文件开头的变量定义部分内容，修改 GUI 枚举状态，添加两个变量用来存储温度数据和温度报警阈值，代码如下：

```c
/* USER CODE BEGIN Variables */
typedef enum {GUI_LOGO, GUI_MAIN, GUI_TEMP, GUI_ADC} GUI_STATE;
GUI_STATE g_sta = GUI_LOGO;
GUI_STATE g_sta_select = GUI_TEMP;
extern GUI_CONST_STORAGE GUI_BITMAP bmLOGO;
extern GUI_FLASH const GUI_FONT GUI_FontHZ_SimSun_16;
uint16_t val[8];          // DMA 采样数据缓冲
uint16_t adval = 0;       // 采样均值滤波结果
float g_temp = 0;         // 当前温度
float g_alarm = 30;       // 温度报警阈值
/* USER CODE END Variables */
```

(2) 新增两个绘图函数，对应在 UI_TEMP 和 UI_ADC 两个页面状态进行绘图显示。之后修改显示交互任务函数，在对应的页面状态中调用这两个函数，代码如下：

```c
/* USER CODE BEGIN FunctionPrototypes */
void UILogo(void);
void UIMain(void);
void UITemp(void);
void UIADC(void);
/* USER CODE END FunctionPrototypes */
void StartGUITask(void *argument) {
/* USER CODE BEGIN StartGUITask */
GUI_Init();
    for(;;) {
    switch (g_sta) {
      default: break;
      case GUI_LOGO: UILogo(); break;
      case GUI_MAIN: UIMain(); break;
```

```
      case GUI_TEMP: UITemp(); break;
      case GUI_ADC: UIADC(); break;
      }
  osDelay(10);
      }
/* USER CODE END StartGUITask */
      }
```

(3) 修改按键任务函数，添加 K1～K4 按键，设置温度报警阈值的逻辑代码，如下所示：

```
void StartKeyTask(void *argument) {
/* USER CODE BEGIN StartKeyTask */
    for(;;) {
        uint8_t key = ScanKey();              // 扫描按键键码
        if (key > 0) while (ScanKey() > 0);   // 有按键按下时等待按键放开，防止按键连按
        switch (key) { default: break;
            case K1_Pin: if (GUI_MAIN == g_sta) g_sta_select = GUI_TEMP;
                        else if (GUI_TEMP == g_sta && g_alarm < 50) g_alarm += 0.1f; break;
            case K4_Pin: if (GUI_MAIN == g_sta) g_sta_select = GUI_ADC;
                        else if (GUI_TEMP == g_sta && g_alarm > -20) g_alarm -= 0.1f; break;
            case K2_Pin: if (GUI_TEMP == g_sta) {g_alarm -= 1; if (g_alarm < -20) g_alarm = -20;} break;
            case K3_Pin: if (GUI_TEMP == g_sta) {g_alarm += 1; if (g_alarm > 50) g_alarm = 50;} break;
            … // K5、K6 功能保持不变
        }
        osDelay(10);
        }
/* USER CODE END StartKeyTask */
        }
```

(4) 在 freertos.c 文件末尾添加两个绘图函数功能代码，如下所示：

```
void UITemp(void) {
    GUI_Clear();
    GUI_SetFont(&GUI_FontHZ_SimSun_16);
    GUI_DispStringHCenterAt("温度报警", 64, 0);
    char buf[30];
    sprintf(buf, "当前温度:%.1f℃", g_temp);
    GUI_DispStringAt(buf, 10, 20);
    GUI_DispStringAt("报警阈值:", 10, 40);
```

```
GUI_SetColor(GUI_COLOR_BLACK); // 反色显示
sprintf(buf, "%.1f", g_alarm);
GUI_DispStringAt(buf, 10 + 72, 40);
GUI_SetColor(GUI_COLOR_WHITE); // 取消反色
GUI_DispStringAt("℃", 10 + 72 + 32, 40);
GUI_Update();
    }
void UIADC(void) {
  GUI_Clear();
  GUI_SetFont(&GUI_FontHZ_SimSun_16);
  GUI_DispStringHCenterAt("AD 采样数据", 64, 0);
  // AD 采样数据页面，预留待补
  GUI_Update();
    }
```

(5) 修改默认任务函数，在任务循环中对采集的温度进行判断，如果温度超过设置的报警阈值，那么用 LED 秒闪效果表示温度报警，代码如下：

```
void StartDefaultTask(void *argument) {
/* USER CODE BEGIN StartDefaultTask */
  osDelay(100);
   … // 温度与 ADC 采样相关代码不变
  for(;;) {
    uint32_t ct = osKernelGetTickCount();
    if (ct >= tick) {
    tick = ct + 1000;                                        // 1 s 时间间隔
    g_temp = ds18b20_read();                                 // 读取传感器温度数据
    printf("time:%.1fs, temp = %.1f\n", ct / 1000.0f, g_temp);  // 打印温度，保留 1 位小数
    }
   … // AD 采样相关代码不变
    if (g_temp >= g_alarm) SetLeds((ct % 1000 < 200) ? 0x0F : 00); // 温度报警时，LED 秒闪
    else SetLeds(0x00);                                      // 温度正常时，LED 熄灯不闪
    osDelay(100);
    }
/* USER CODE END StartDefaultTask */
    }
```

重新编译下载程序，测试效果如图 7-10 所示。

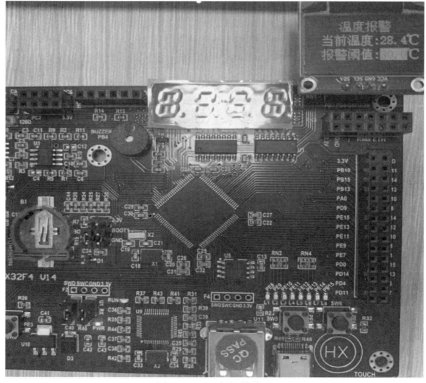

图 7-10　温度报警实验

实验　温度报警检测设计

一、实验目标

熟悉基于 HAL 库的传感器应用，基于 DS18B20 传感器，实现一个温度报警应用。

二、实验内容

(1) 参照 RTT_EX04_TEMP 示例，在 CubeMX 中添加按键、数码管和 DS18B20 端口，并配置相应端口模式和外设模块。

(2) 在程序中添加一个温度报警上限变量，当监测温度超过设定的报警上限时，数码管显示的温度数值进行秒闪显示，否则按正常模式显示。

附加要求：使用按键 K2 进入/K3 退出温度报警上限设置模式，在温度报警上限设置模式下，数码管显示温度报警上限，并可用按键 K1、K4 调整数值。在设置模式状态下进行温度报警判断，若按键空闲 10 s 则自动退出设置模式。

第8章

定时功能

STM32F4 单片机的通用定时器包含一个 16 位或 32 位自动重载计数器(CNT)，该计数器由可编程预分频器(PSC)驱动。STM32F4 的通用定时器可以被用于测量输入信号的脉冲长度(输入捕获)或者产生输出波形(输出比较和 PWM)等。使用定时器预分频器和 RCC 时钟控制器预分频器，脉冲长度和波形周期可以在几个微秒到几个毫秒间调整。STM32F4 系列单片机的每个通用定时器都是完全独立的，没有互相共享任何资源。

8.1 定时器配置

每个定时器都有通用定时计数、PWM 输出、输出比较和输入捕获(TIM6、TIM7 无)功能。TIM1 和 TIM8 两个高级定时器带有的互补输出功能常用于控制电机。TIM2 和 TIM5 两个 32 位定时器可用于测量高频信号频率。每个定时器的功能如表 8-1 所示。

表 8-1 STM32F4 定时器功能

名　称	分　类	位数	计数模式	捕获/比较通道	互补输出	默认频率
TIM1、TIM8	高级定时器	16	向上、向下，双向	4	有	168 MHz
TIM2、TIM5	通用定时器	32	向上、向下，双向	4	无	84 MHz
TIM3、TIM4	通用定时器	16	向上、向下，双向	4	无	84 MHz
TIM6、TIM7	通用定时器	16	向上、向下，双向	0	无	84 MHz
TIM9	通用定时器	16	向上	2	无	168 MHz

续表

名　称	分　类	位数	计数模式	捕获/比较通道	互补输出	默认频率
TIM10、TIM11	通用定时器	16	向上	1	无	168 MHz
TIM12	通用定时器	16	向上	2	无	84 MHz
TIM13、TIM14	通用定时器	16	向上	1	无	84 MHz

　　HAL 库中定时器的设计应用方法和之前章节的 ADC、串口等复杂外设类似，主要包括外设句柄、编程模型和通用接口函数这三部分概念。

　　定时器外设句柄类型为 TIM_HandleTypeDef，这个名称和 ADC 外设句柄类型相似，以外设名称开头，后面接_HandleTypeDef 尾缀。由于采用 HAL 库函数操作外设时，需要对外设指针指向地址包含的外设寄存器进行读写操作，因此 HAL 库外设相关函数的参数列表的第一个参数通常都是外设句柄指针。

　　定时器的外设编程模型按照 HAL 库的编程模型标准可分为轮询方式、中断方式和 DMA 方式。这三种方式的相关函数如表 8-2 所示。

表 8-2　轮询方式、中断方式和 DMA 方式的相关函数

函　数　名　称	说　　明
HAL_TIM_Base_Start(TIM_HandleTypeDef *htim)	启动定时器，轮询方式
HAL_TIM_Base_Stop(TIM_HandleTypeDef *htim)	停止定时器，轮询方式
HAL_TIM_Base_Start_IT(TIM_HandleTypeDef *htim)	启动定时器并开启中断
HAL_TIM_Base_Stop_IT(TIM_HandleTypeDef *htim)	停止定时器及其中断
HAL_TIM_Base_Start_DMA(TIM_HandleTypeDef *htim)	启动定时器并开启 DMA
HAL_TIM_Base_Stop_DMA(TIM_HandleTypeDef *htim)	停止定时器及其 DMA

　　定时器的通用接口函数，包括对定时器的参数配置、初始化、I/O 操作和状态获取等函数，常用的定时器通用接口函数如表 8-3 所示。

表 8-3　定时器通用接口函数

函　数　名　称	说　　明
HAL_TIM_PeriodElapsedCallback	定时溢出中断回调函数
__HAL_TIM_SET_COUNTER	设置定时器计数值
__HAL_TIM_GET_COUNTER	获取定时器计数值
__HAL_TIM_SET_AUTORELOAD	设置自动重装载寄存器数值
__HAL_TIM_GET_AUTORELOAD	获取自动重装载寄存器数值
__HAL_TIM_SET_PRESCALER	设置定时器预分频系数

续表

函 数 名 称	说　明
__HAL_TIM_SET_COMPARE	设置定时器通道比较数值
__HAL_TIM_GET_COMPARE	获取定时器通道比较数值
HAL_TIM_PWM_Start HAL_TIM_PWM_Start_IT HAL_TIM_PWM_Start_DMA	启动定时器 PWM 输出功能
HAL_TIM_PWM_Stop HAL_TIM_PWM_Stop_IT HAL_TIM_PWM_Stop_DMA	停止定时器 PWM 输出功能
HAL_TIM_OC_Start HAL_TIM_OC_Start_IT HAL_TIM_OC_Start_DMA	启动定时器输出比较功能
HAL_TIM_OC_Stop HAL_TIM_OC_Stop_IT HAL_TIM_OC_Stop_DMA	停止定时器输出比较功能
HAL_TIM_IC_Start HAL_TIM_IC_Start_IT HAL_TIM_IC_Start_DMA	启动定时器输入捕获功能
HAL_TIM_IC_Stop HAL_TIM_IC_Stop_IT HAL_TIM_IC_Stop_DMA	停止定时器输入捕获功能

在 CubeMX 工程中添加 RT-thread 组件并重新设置了 HAL 的系统时钟源后，导出生成的 main.c 文件会在文件末尾自动生成 HAL_TIM_PeriodElapsedCallback()函数，这是定时器的溢出中断回调函数。当定时器计数溢出发生中断时，在定时器的中断函数中会自动调用这个回调函数。生成的回调函数代码如下所示：

```
/* USER CODE END 4 */
void HAL_TIM_PeriodElapsedCallback(TIM_HandleTypeDef *htim) {
/* USER CODE BEGIN Callback 0 */
/* USER CODE END Callback 0 */
    if (htim->Instance == TIM7) { // CubeMX 中选择了 TIM7 作为 HAL 系统时钟源
    HAL_IncTick();
}
/* USER CODE BEGIN Callback 1 */
```

```
/* USER CODE END Callback 1 */
}
```

常规定时器的时钟源包括四种：内部时钟 CK_INT、外部引脚输入 CHx、外部触发输入 ETR 和内部触发信号 ITRx。内部时钟是定时器时钟源的常见选择，其来自外设总线 APB 提供的时钟。

从时钟源连接到定时器这边的信号，称为定时器的预分频时钟 CK_PSC(选择内部时钟源时，CK_PSC 即为定时器时钟 TIM_CLK)。CK_PSC 通过定时器内的预分频模块产生的信号称为计数时钟 CK_CNT，定时器内部的计数模块就是对 CK_CNT 进行计数。预分频模块的作用在于扩大定时器的定时范围和获取精确的计数时钟。例如 TIM_CLK 频率为 168 MHz 时，可以通过预分频模块对 TIM_CLK 进行分频得到 1 MHz 的计数时钟。CK_CNT 频率计算公式如下：

$$f_{CK\_CNT} = f_{TIM\_CLK} / (PSC+1)$$

式中：f_{CK_CNT} 为定时器时钟 TIM_CLK 的频率；PSC 是预分频模块中的预分频系数。要得到 1MHz 的计数频率时，f_{TIM_CLK} 得做 168 分频，PSC 的值应该为 168 − 1 = 167。

定时器对 CK_CNT 信号的计数模式包括向上、向下和双向三种。采用向上模式时，每来一个 CK_CNT 的脉冲信号，计数值增加 1，当计数值达到自动重装载寄存器 ARR 的数值时产生计数溢出情况，此时计数值将进行清零操作。因此，定时器的定时时间计算公式为

$$T = (ARR+1) \times (PSC+1) / f_{TIM\_CLK}$$

如要实现 100 ms 的定时时间，在 TIM_CLK 为 168 MHz 时，可以设置 ARR 和 PSC 两个参数值分别为 1000 − 1 和 16800 − 1。

要注意，PSC 取值不能超出有效范围 0～65 535；自动重装载寄存器 ARR 数值不能为 0，当其值为 0 时定时器不工作，而且 ARR 的位数由定时器位数决定，16 位定时器的 ARR 数值范围也是 0～655 35，32 位定时器的 ARR 数值范围 0～429 496 729 5。

8.2　定时器实现简易电子琴

在 EX04_OLED 工程基础上，复制一份工程文件夹，并重命名工程为 EX06_TIM。接下来准备实现一个简单的电子琴演示程序。学习板上的蜂鸣器是一个无源蜂鸣器，需要给它一定频率的脉冲才能发出声音。根据这一特点，可以通过定时翻转 BEEP 端口的电平，输出连续脉冲信号给蜂鸣器。

如图 8-1 所示，打开 EX06_TIM 的 CubeMX 工程，添加学习板上的蜂鸣器端口 PB4 作为输出端口，其标签命名为 BEEP。

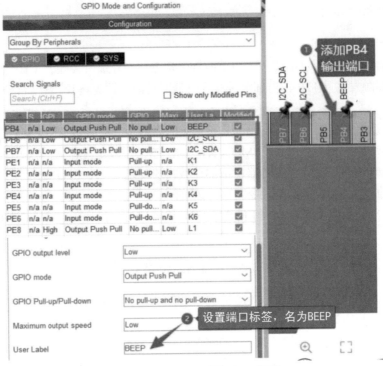

图 8-1　CubeMX 添加 PB4 引脚

在左侧的定时器列表中，选择一个定时器用于控制蜂鸣器鸣叫，定时器参数设置如图 8-2 所示。

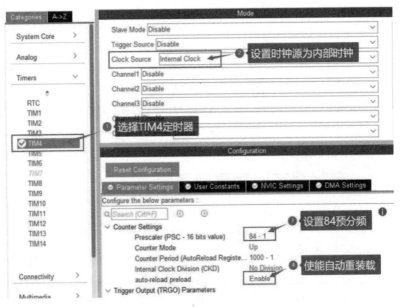

图 8-2　CubeMX 中定时器设置

TIM4 定时器还需要开启定时中断，如图 8-3 所示，选择 TIM4 的"NVIC Settings"设置界面，勾选使能 TIM4 定时器的全局中断，注意中断优先级应该默认为 5。操作完成后，保持 RT-thread 模块的设置不变，导出 EX06_TIM 的 MDK 工程。

图 8-3　CubeMX 开启定时中断

打开 EX06_TIM 的 MDK 工程后，修改 gpio.h 和 gpio.c 文件，添加蜂鸣器鸣叫控制的全局变量和设置函数的代码，具体如下：

```
...
// gpio.h 文件添加变量和函数声明
/* USER CODE BEGIN Prototypes */
void SetLeds(uint8_t dat);
uint8_t ScanKey(void);
void Beep(uint8_t tune, uint16_t time);
extern uint8_t beep_tune;
extern uint16_t beep_time;
/* USER CODE END Prototypes */

... // gpio.c 文件开头添加全局变量声明
/* USER CODE BEGIN 1 */
#include "tim.h"                          // 添加定时器头文件
// 定义蜂鸣器鸣叫音调变量
uint8_t beep_tune = 0;
// 定义蜂鸣器鸣叫时长变量，单位为 ms
uint16_t beep_time = 0;
/* USER CODE END 1 */
...
... // gpio.c 文件末尾添加 Beep 函数
void Beep(uint8_t tune, uint16_t time) {        // 鸣叫函数
```

```
// 音调对应频率表(C4～B4)
   const float tab[8] = {0, 261.6, 293.6, 329.6, 349.2, 392.0, 440.0, 493.9};
    tune %= 8;                                              // 限制音调范围 0～7
    if (tune > 0) {                                         // 如果是有效音调
      HAL_TIM_Base_Start_IT(&htim4);
// 根据目标频率计算 ARR 的值：(1M / tab[tune]) / 2 - 1
      float arr = (1000000 / tab[tune]) / 2 - 1;
      __HAL_TIM_SET_AUTORELOAD(&htim4, (uint16_t)arr);      // 重新调整定时频率
      beep_tune = tune;                                     // 保存音调
      beep_time = time;                                     // 设置鸣叫时长
}
    else                                                    // 不是有效音调时，停止定时器
    HAL_TIM_Base_Stop_IT(&htim4);
}
/* USER CODE END 2 */
```

回到 main.c 文件，修改定时中断回调函数，添加 BEEP 端口的电平翻转控制代码，如下所示：

```
void HAL_TIM_PeriodElapsedCallback(TIM_HandleTypeDef *htim) {
/* USER CODE BEGIN Callback 0 */
    if (htim->Instance == TIM7) {
    // 如果是 HAL 库的基准时钟(1 ms 定时周期)
      if (beep_tune > 0 && beep_time > 0) -- beep_time;
    // 蜂鸣器时长控制，按 1 ms 递减
      else beep_tune = 0;   // 时长为 0 时音调清零
    }
/* USER CODE END Callback 0 */
    if (htim->Instance == TIM7) {
      HAL_IncTick();
    }
/* USER CODE BEGIN Callback 1 */
    if (htim->Instance == TIM4) {
// 如果是 TIM4 定时器的中断
      if (beep_tune > 0)
        HAL_GPIO_TogglePin(BEEP_GPIO_Port, BEEP_Pin);
// 如果音调有效，翻转输出电平
    }
/* USER CODE END Callback 1 */
```

```
    }
```

最后，修改 main.c 文件中的按键任务，为每一个独立按键添加蜂鸣器鸣叫控制的逻辑代码，代码如下：

```
/* USER CODE BEGIN 2 */
    InitRTT();
    rt_thread_mdelay(100);
    Beep(7, 50);                                    // 任务开始鸣叫提示
/* USER CODE END 2 */
/* Infinite loop */
/* USER CODE BEGIN WHILE */
    GUI_Init();                                     // 初始化 OLED 屏和 GUI 图形库
    GUI_SetFont(&GUI_FontHZ_SimSun_24);
    GUI_DispString("您好！\nOLED");                  // 选用 24 号宋体，显示文字
    GUI_DrawBitmap(&bmhello, 128 - bmhello.XSize, 0); // 靠右显示一张图片(64×64 大小)
    GUI_SetFont(GUI_DEFAULT_FONT);                  // 选用默认 6×8 英文字体

    while (1) {
        char str[20];
        sprintf(str, "%d", rt_tick_get());          // 格式化字符串，准备显示当前系统时间戳
        GUI_DispStringAt(str, 0, 64 - GUI_GetFontSizeY()); // 左下角显示字符串
        GUI_Update();                               // 刷新屏幕显示
        rt_thread_mdelay(10);
/* USER CODE END WHILE */

/* USER CODE BEGIN 3 */
        uint8_t key = 0;
        if (rt_mb_recv(mb, (rt_ubase_t *)&key, 10) == RT_EOK)
        {
            // 6 个按键对应不同的音调
            if (K1_Pin == key) Beep(1, 50);
            else if (K2_Pin == key) Beep(2, 50);
            else if (K3_Pin == key) Beep(3, 50);
            else if (K4_Pin == key) Beep(4, 50);
            else if (K5_Pin == key) Beep(5, 50);
            else if (K6_Pin == key) Beep(6, 50);
        }
    }
```

```
/* USER CODE END 3 */
```

程序修改完后，重新编译，下载程序并测试观察按键声音是否正常。

8.3 定时器产生 PWM 信号

PWM(脉宽调制)是利用微处理器的数字输出来对模拟电路进行控制的一种非常有效的技术，广泛应用于电机控制、灯光的亮度调节、功率控制等领域。脉宽调制的实质是修改高电平的持续时间，即调节占空比来等效输出所需要的波形。

STM32 的高级定时器和通用定时器都具有 PWM 输出功能，每个定时器最多有四个通道，每一个通道都有一个捕获比较寄存器，将寄存器值和计数器值比较，根据比较结果输出高低电平，从而实现输出 PWM 信号的目的。因此，只要控制好捕获比较寄存器(CCRx)的数值大小，就可以得到不同占空比的 PWM 信号。

学习板上的 4 个 LED 灯(L2、L4、L6、L7)分别连接了 STM32F407 的 TIM1 定时器的 4 个 PWM 输出通道。接下来将介绍在 EX06_TIM 工程基础上，应用定时器的 PWM 输出功能，实现一个 LED 灯调光应用。配套学习板上的第 7 个 LED 灯 L7(PE14)连接到了定时器 1 的通道 4，本次示例选择 L7 作为调光演示的 LED 灯。重新打开 EX06_TIM 的 CubeMX 工程，在器件视图中，首先清除 PE14 引脚上的已有设置，然后使能 TIM1 模块，设置内部时钟源，如图 8-4 所示。

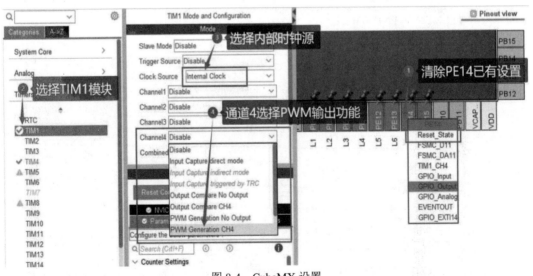

图 8-4 CubeMX 设置

PWM 信号的两个基本参数是周期和占空比，周期是一个完整 PWM 波形所持续的时间，占空比(Duty)是高电平持续时间与周期的比值。对于 STM32 单片机，PWM 周期即是定时器的定时周期,可以通过设置 ARR 和 PSC 两个参数来调节。在 CubeMX 中,设置 TIM1 定时器参数如图 8-5 所示,设置 PSC 和 ARR 为 168-1 和 100-1,将定时器周期设置为 168 × 100/168 MHz = 0.1 ms,即输出 PWM 信号的频率为 10 kHz。

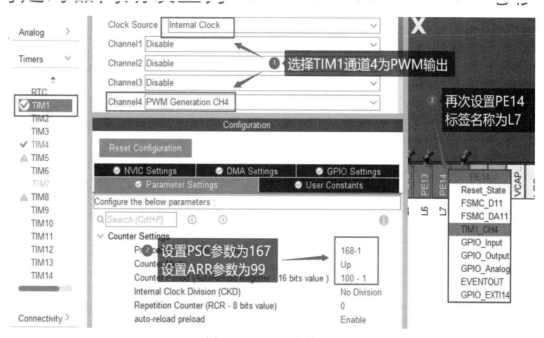

图 8-5　CubeMX 参数设置

设置定时器某个通道为 PWM 输出模式后,该通道有一个名为"Pulse"的 PWM 参数可调,输出 PWM 信号的占空比为(Pulse/ARR) × 100%。如果 Pulse 值为 50,输出 PWM 信号占空比即为 50%,如果要实现动态调光效果,可以在程序中调用__HAL_TIM_SET_COMPARE()函数动态设置占空比。打开 main.c 文件,先在文件开头添加 tim.h 头文件:

```c
/* Includes ------------------------------------------*/
#include "main.h"
#include "tim.h"
#include "gpio.h"
/* Private includes ---------------------------------*/
```

接下来修改主函数,设计实现 K1、K4 调节 L7 亮度,K2、K3 的熄灯、亮灯功能,具体代码如下:

```c
    __HAL_TIM_SET_COMPARE(&htim1, TIM_CHANNEL_4, 80); // 设置初始占空比 80%
    HAL_TIM_PWM_Start(&htim1, TIM_CHANNEL_4); // 启动定时器 1 的 PWM 输出功能

    while (1)
    {
```

```
        char str[20]; sprintf(str, "%d", rt_tick_get());        // 格式化字符串,准备显示当前系统时间戳
        GUI_DispStringAt(str, 0, 64 - GUI_GetFontSizeY()); // 左下角显示字符串
        GUI_Update();                                          // 刷新屏幕显示
        rt_thread_mdelay(10);
    /* USER CODE END WHILE */

    /* USER CODE BEGIN 3 */
        uint8_t key = 0;
        if (rt_mb_recv(mb, (rt_ubase_t *)&key, 10) == RT_EOK)
        {
            SetLeds(key);                                      // 根据键码亮灯
            uint16_t pulse = __HAL_TIM_GET_COMPARE(&htim1, TIM_CHANNEL_4); // 读占空比
            switch (key)
            {
                case K1_Pin:
                    if (pulse > 0)
                        pulse -= 2;                            // L7 亮度增加(低电平亮,占空比越小越亮)
                    __HAL_TIM_SET_COMPARE(&htim1, TIM_CHANNEL_4, pulse);
                    break;
                case K2_Pin:
                    HAL_TIM_PWM_Stop(&htim1, TIM_CHANNEL_4);
                    break;                                     // L7 关灯
                case K3_Pin:
                    HAL_TIM_PWM_Start(&htim1, TIM_CHANNEL_4);
                    break;                                     // L7 亮灯
                case K4_Pin:
                    if (pulse < 99)
                        pulse += 2;                            // L7 亮度减小
                    __HAL_TIM_SET_COMPARE(&htim1, TIM_CHANNEL_4, pulse);
                    break;
                default:
                    break;
            }
        }
    /* USER CODE END 3 */
```

重新编译工程,下载程序并进行测试,观察按动 K1～K4 按键时 L7 的亮灯变化情况。

8.4 由定时器捕捉信号

定时器的输入捕获模式可以用来测量脉冲宽度或者频率。STM32 的定时器在输入捕获模式下，当捕获单元捕捉到外部信号的有效边沿(上升沿/下降沿/边沿)时，会将计数器的当前值锁存到捕获/比较寄存器供用户读取。应用定时器进行脉宽测量的步骤如下所示(见图 8-6)：

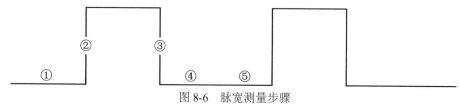

图 8-6 脉宽测量步骤

(1) 首先设置输入捕获为上升沿检测。

(2) 当上升沿到来时发生捕获，记录上升沿时的定时器计数值，并配置捕获信号为下降沿捕获。

(3) 当下降沿到来的时候发生捕获，记录此时的定时器计数值。

(4) 计算前后两次记录的定时器计数值之差，得到的差值就是高电平的脉宽计数次数，根据定时器的计数频率，就可以计算高电平脉宽的准确时间。

(5) 开始下一次脉宽测量，重新设置输入捕获为上升沿检测。

学习板上的 K5 和 K6 两个按键分别连接了 STM32F407 的 TIM9 定时器通道 1 和通道 2，设计程序使用 K6 按键进行输入捕获功能演示。重新打开 EX06_TIM 的 CubeMX 工程，在器件视图中单击 K6 连接的 PE6 端口，选择端口模式为 TIM9_CH2，TIM9 定时器设置结果如图 8-7 所示。

PSC 参数设置为 16800 - 1，这是为了设置 10 kHz 的计数频率。输入捕获需要开启定时器捕获中断，如图 8-7、图 8-8 所示，在 TIM9 的 NVIC 设置页中，勾选开启 TIM9 中断选项，并确认中断优先级为 5。

图 8-7 CubeMX 中 TIM9 定时器设置

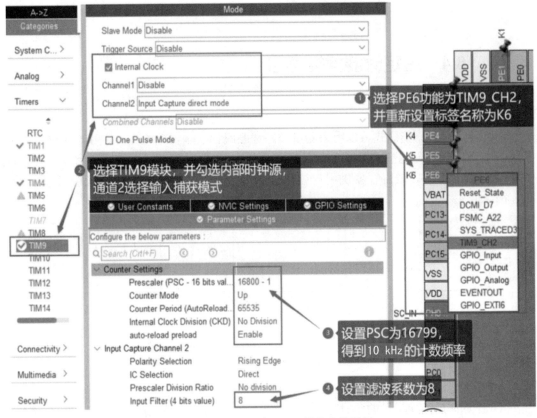

图 8-8　CubeMX 中 TIM9 模块参数设置

如果程序还需要按键扫描功能，K6 端口需要再重新设置下拉输入，如图 8-9 所示。

图 8-9　CubeMX 中 K6 端口设置

为了方便观察结果，在 CubeMX 中还为工程添加了 USART1 模块，如图 8-10 所示。

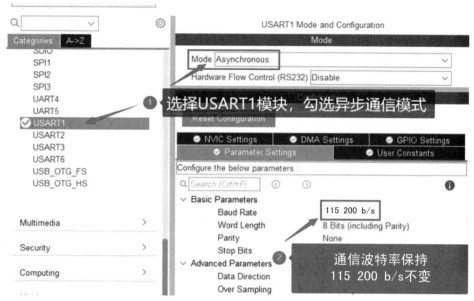

图 8-10　CubeMX 中 USART1 模块设置

先在 main.c 文件中添加按键输入捕获结构体定义和外部变量声明。输入捕获结构体类型包含了 5 个成员变量，分别是输入捕获状态、上升沿捕获计数值、下降沿捕获计数值、计数溢出中断计数和捕获时长这几个成员变量，把这些变量打包放在一个结构体中能优化程序结构，提升代码可读性。添加按键输入捕获结构体定义和外部变量的代码如下：

```
typedef struct {
    uint8_t cp_sta;        // 输入捕获状态，0：上升沿捕获中，1：下降沿捕获中
    int cp_up_cnt;         // 上升沿捕获计数值
    int cp_dn_cnt;         // 下降沿捕获计数值
    int cp_ov_cnt;         // 溢出中断计数
    float cp_time;         // 捕获时长，单位为 ms，精度为 0.1 ms
} CP_VAL;
CP_VAL g_cp;               // 定义输入捕获结构体全局变量
```

然后，在 main.c 文件中的定时器溢出中断回调函数中添加溢出次数计数逻辑，代码如下：

```
void HAL_TIM_PeriodElapsedCallback(TIM_HandleTypeDef *htim)
  {
  /* USER CODE BEGIN Callback 0 */
  if (htim->Instance == TIM7) {          // 如果是 HAL 库的基准时钟(1 ms 定时周期)
      if (beep_tune > 0 && beep_time > 0)
          -- beep_time;                  // 蜂鸣器时长控制，按 1 ms 递减
      else
          beep_tune = 0;                 // 时长为 0 时音调清零
  }
```

```
    /* USER CODE END Callback 0 */
    if (htim->Instance == TIM7) {
        HAL_IncTick();
    }
    /* USER CODE BEGIN Callback 1 */
    if (htim->Instance == TIM4) {                          // 如果是 TIM4 定时器的中断
        if (beep_tune > 0)
            HAL_GPIO_TogglePin(BEEP_GPIO_Port, BEEP_Pin); // 如果音调有效，翻转输出电平
    }

        if (htim->Instance == TIM9) {
            if (1 == g_cp.cp_sta)
                ++g_cp.cp_ov_cnt;
        }
        /* USER CODE END Callback 1 */
}
```

接下来，在 main.c 文件末尾添加输入捕获中断回调函数，代码如下：

```
/* USER CODE BEGIN 4 */
void HAL_TIM_IC_CaptureCallback(TIM_HandleTypeDef *htim) {
    if (TIM9 == htim->Instance) {
        switch (g_cp.cp_sta) {
            default:                        // 上升沿捕获中断到来
                g_cp.cp_up_cnt = HAL_TIM_ReadCapturedValue(&htim9, TIM_CHANNEL_2);
                g_cp.cp_ov_cnt = 0;         // 溢出中断计数清零
                __HAL_TIM_SET_CAPTUREPOLARITY(&htim9, TIM_CHANNEL_2,
TIM_ICPOLARITY_FALLING);
                g_cp.cp_sta = 1;            // 状态转为检测下降沿
                break;
            case 1:                         // 下降沿捕获中断到来
                g_cp.cp_dn_cnt = HAL_TIM_ReadCapturedValue(&htim9, TIM_CHANNEL_2);
                __HAL_TIM_SET_CAPTUREPOLARITY(&htim9, TIM_CHANNEL_2,
TIM_ICPOLARITY_RISING);
                g_cp.cp_sta = 0;            // 状态转为检测上升沿
                g_cp.cp_time = (g_cp.cp_dn_cnt + 65536 * g_cp.cp_ov_cnt - g_cp.cp_up_cnt) * 0.1f;
                printf("Key press time:%.1f ms\n", g_cp.cp_time);
                break;

        }
```

```
    }
}
/* USER CODE END 4 */
```

最后，修改 main.c 中默认任务函数的功能代码，添加启动 TIM9 定时输入捕捉功能，代码如下：

```
HAL_TIM_Base_Start_IT(&htim9);                          // 启动 TIM9 开启定时溢出中断
HAL_TIM_IC_Start_IT(&htim9, TIM_CHANNEL_2);             // 启动 TIM9 通道 2 开启输入捕捉中断
__HAL_TIM_SET_COMPARE(&htim1, TIM_CHANNEL_4, 80);       // 设置初始占空比为 80%
HAL_TIM_PWM_Start(&htim1, TIM_CHANNEL_4);               // 启动定时器 1 的 PWM 输出功能
```

从图 8-11 测试结果中可以看到，大多数情况下按键时长检测都是成功的，偶尔会有按键抖动的情况，即打印出非常短的按键时长。

```
Key press time:150.1 ms
Key press time:175.6 ms
Key press time:1276.3 ms  测试
Key press time:803.7 ms   结果
Key press time:75.8 ms
Key press time:61.6 ms
Key press time:58.8 ms
Key press time:4.0 ms
Key press time:61.9 ms
```

图 8-11　测试结果

实验　电子琴与 LED 调光

一、实验目标

熟悉 HAL 库定时器操作函数，基于学习板实现电子琴与 LED 调光功能。

二、实验内容

(1) 参照本章内容，创建并复现 EX06_TIM 的电子琴示例和 LED 调光示例工程，最后在学习板上测试通过。

(2) 在电子琴示例工程基础上，尝试实现乐曲播放功能，参考"绿岛小夜曲"和"七色花之歌"等曲子的简谱，将其存入一个数组，然后在任务循环开始前遍历这个数组，每次根据数组内容设置蜂鸣器鸣叫音调，控制播放时间间隔，这样就可以实现乐曲播放功能了。根据以上设计思路，完成程序编写，最后在学习板上测试通过。

第9章

实时时钟与低功耗设计

实时时钟(Real_Time Clock，RTC)能为电子系统提供精确的时间基准，实现日历功能，甚至在主电源掉电后还可以靠 VBAT 锂电池继续运行。RTC 时钟的框图如图 9-1 所示。无论由什么电源供电,RTC 中的数据始终都保存在属于 RTC 的备份域中,如果主电源和 VBAT 都掉电,那么备份域中保存的所有数据都将丢失。

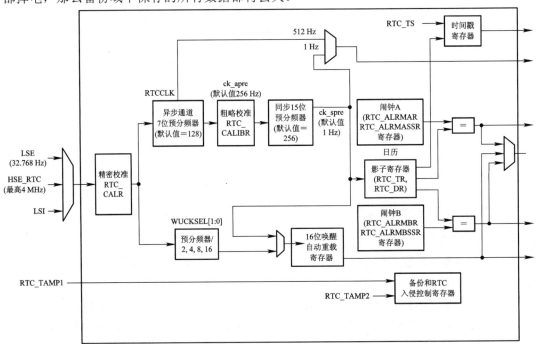

图 9-1 RTC 时钟框图

STM32 的 RTC 时钟是一个独立的 32 位 BCD 定时器/计数器,只能向上计数。它的 RTC 功能提供了一个日历时钟、两个可编程闹铃中断和一个具有中断功能的可编程唤醒标志。RTC 定时器使用的时钟源有三种,分别为高速外部时钟的 128 分频(HSE/128)、低速内部时钟 LSI 和低速外部时钟 LSE。

RTC 时钟使用 HSE 分频时钟或者 LSI 的时候,当主电源掉电时,这两个时钟都会受到影响,因而不能保证 RTC 正常工作,所以 RTC 通常都使用低速外部时钟 LSE,频率为实时时钟电路中常用的 32 768 Hz(因为 32 768 Hz 容易通过分频实现秒级定时)。

本次实验开始前,需检查学习板上的 VBAT 锂电池是否已安装好,32.768 kHz 外部晶振是否已焊接。如果锂电池未安装或 LSE 外部晶振连接异常,可能系统上电初始化 RTC 时钟时就会卡住。

RTC 的操作通常包括设置日期、时间,读、写后备寄存器,开、关闹铃或唤醒中断,等等。常用 API 函数如表 9-1 所示。

表 9-1　常用 API 函数

函 数 名 称	说　明
HAL_RTC_SetTime	设置时间(时分秒)
HAL_RTC_SetDate	设置日期(年月日)
HAL_RTCEx_BKUPWrite	写入 RTC 后备寄存器
HAL_RTC_GetTime	读取时间(时分秒)
HAL_RTC_GetDate	读取日期(年月日)
HAL_RTCEx_BKUPRead	读取 RTC 后备寄存器
HAL_RTC_SetAlarm_IT	启动 RTC 闹铃并开启中断
HAL_RTC_DeactivateAlarm	关闭 RTC 闹铃
HAL_RTCEx_SetWakeUpTimer_IT	启动 RTC 唤醒定时器并开启中断
HAL_RTCEx_DeactivateWakeUpTimer	关闭 RTC 唤醒定时器

9.1　RTC 配置

本次示例将在学习板的 4 位数码管上显示当前 RTC 时间,并在关闭电源重启之后,显示时间能够不复位且继续计数。参考前几次的实验操作,将 EX03_UART 工程文件夹复制为 EX07_RTC 文件夹,并将其中的"EX03_UART.ioc"文件名称修改为"EX07_RTC.ioc",删除其中的"MDK-ARM"子目录,此时准备工作完成。

启动 CubeMX 软件,打开 EX07_RTC.ioc 工程文件,在器件视图界面中,选择左侧"System Core"栏目中的 RCC 模块,如图 9-2 所示。

接下来选择左侧"Timers"栏目中的 RTC 模块,设置 RTC 模块功能,如图 9-3 所示。因为后续示例还要用到 RTC 时钟的闹铃和唤醒功能,因此可以先一次性将 RTC 时钟的日历、闹铃和唤醒功能都开启。

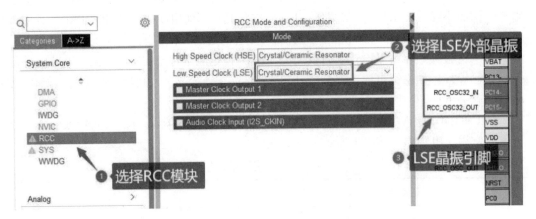

图 9-2　CubeMX 中 RCC 模块设置

图 9-3　CubeMX 中 RTC 模块设置

　　开启外部 LSE 晶振后,在 CubeMX 中就可以选择 RTC 时钟了。如图 9-4 所示,在 CubeMX 中的 Clock Configuration 界面中,可以选择使用 LSE 外部 32.768 kHz 晶振或者 LSI 内部 32 kHz 时钟作为 RTC 的时钟源。

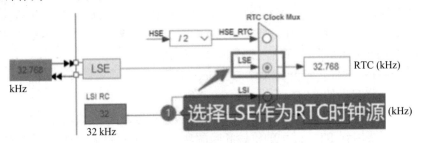

图 9-4　CubeMX 中时钟源设置

设置完成后，导出生成 EX07_RTC 的 MDK 工程，重新用 Keil MDK 软件打开该工程，选择打开工程文件列表中的 rtc.c 文件，在 RTC 初始化函数 MX_RTC_Init() 中添加如下代码：

```
/* RTC init function */
void MX_RTC_Init(void) {
  ...
/* USER CODE BEGIN Check_RTC_BKUP */
    if (HAL_RTCEx_BKUPRead(&hrtc, RTC_BKP_DR0) == 0x5050)      // 是否第一次配置
    return; // 如果不是第一次配置，直接返回，后续初始化动作不需要执行了
    HAL_RTCEx_BKUPWrite(&hrtc, RTC_BKP_DR0, 0x5050);              // 第一次配置，写入标记
/* USER CODE END Check_RTC_BKUP */
  ...
  }
```

STM32F407 的 RTC 备份域除了 RTC 模块的寄存器，还有 20 个 16 位的后备寄存器，可以在主电源掉电的情况下保存用户程序的数据，系统复位或电源复位时，这些数据也不会被复位。程序中的 RTC_BKP_DR0 就表示这其中的第一个后备寄存器。

为了方便 RTC 日历功能的日期、时间读取，可在 rtc.c 文件中定义日期、时间相关的全局变量，并在文件末尾添加 RTC 日期、时间的读写函数，如下所示：

```
  ...
/* USER CODE BEGIN 0 */
uint16_t RTC_Year = 2021;   // 年
uint8_t RTC_Mon = 8;        // 月
uint8_t RTC_Dat = 23;       // 日
uint8_t RTC_Hour = 10;      // 时
uint8_t RTC_Min = 49;       // 分
uint8_t RTC_Sec = 30;       // 秒
uint8_t RTC_PSec = 0;       // 百分秒
/* USER CODE END 0 */
  ...
/* USER CODE BEGIN 1 */
HAL_StatusTypeDef ReadRTCDateTime(void) { // 读取 RTC 日期、时间
    RTC_TimeTypeDef sTime = {0};
    RTC_DateTypeDef sDate = {0};
    if (HAL_RTC_GetTime(&hrtc, &sTime, RTC_FORMAT_BIN) == HAL_OK) {
    if (HAL_RTC_GetDate(&hrtc, &sDate, RTC_FORMAT_BIN) == HAL_OK) {
    RTC_Year = 2000 + sDate.Year; RTC_Mon = sDate.Month;
    RTC_Dat = sDate.Date; RTC_Hour = sTime.Hours;
    RTC_Min = sTime.Minutes; RTC_Sec = sTime.Seconds;
```

```
// 百分秒计算，0.01 s 误差
    RTC_PSec = (255 - sTime.SubSeconds) * 99 / 255;
    return HAL_OK;
  }
}

    return HAL_ERROR;

}
```

读取日期、时间可以采用一个函数，而设置日期、时间通常分为设置日期和设置时间两个操作，因此采用两个函数，使用时注意先设置时间再设置日期，代码如下：

```
// 设置年月日
HAL_StatusTypeDef SetRTCDate(int year, int mon, int date) {
RTC_DateTypeDef sDate = {0};
sDate.Year = year % 2000; sDate.Month = mon; sDate.Date = date;
if (HAL_RTC_SetDate(&hrtc, &sDate, RTC_FORMAT_BIN) == HAL_OK)
return HAL_OK;
return HAL_ERROR;
}
// 设置时分秒
HAL_StatusTypeDef SetRTCTime(int hour, int min, int sec) {
RTC_TimeTypeDef sTime = {0};
sTime.Hours = hour; sTime.Minutes = min; sTime.Seconds = sec;
if (HAL_RTC_SetTime(&hrtc, &sTime, RTC_FORMAT_BIN) == HAL_OK)
return HAL_OK;
return HAL_ERROR;
}
/* USER CODE END 1 */
```

为了方便函数调用，在 rtc.h 头文件中添加外部变量声明和函数声明，代码如下：

```
/* USER CODE BEGIN Prototypes */
extern uint16_t RTC_Year;    // 年
extern uint8_t RTC_Mon;      // 月
extern uint8_t RTC_Dat;      // 日
extern uint8_t RTC_Hour;     // 时
extern uint8_t RTC_Min;      // 分
extern uint8_t RTC_Sec;      // 秒
extern uint8_t RTC_PSec;     // 百分秒
HAL_StatusTypeDef ReadRTCDateTime(void);                // 读取日期、时间
```

```
HAL_StatusTypeDef SetRTCTime(int hour, int min, int sec);      // 设置时分秒
HAL_StatusTypeDef SetRTCDate(int year, int mon, int date);     // 设置年月日
/* USER CODE END Prototypes */
```

如果要在第一次上电时设置默认的日历时间，可以在 RTC 时钟的初始化函数 MX_RTC_Init() 的末尾添加设置代码，如下所示：

```
/* RTC init function */
void MX_RTC_Init(void) {
    ...
/* USER CODE BEGIN RTC_Init 2 */
    SetRTCTime(RTC_Hour, RTC_Min, RTC_Sec); // 设置日历时间为默认初始时间
    SetRTCDate(RTC_Year, RTC_Mon, RTC_Dat);
/* USER CODE END RTC_Init 2 */
    }
```

保存文件，重新编译工程，编译成功后，暂时关闭 Keil MDK 软件。重新打开 EX07_RTC 的 CubeMX 工程，接下来添加数码管的相关硬件引脚。

学习板上的数码管引脚列表如图 9-5 所示，学习板上的 4 位数码管用到了 STM32F407 的 8 个输出端口，因此在 CubeMX 中配置相应端口输出模式及其标签名称。

电路信号名称	STM32引脚
SER	PC8
SCK	PA11
DISLK	PA8
DISEN	PC9
A0	PA15
A1	PC10
A2	PC11
A3	PA12

图 9-5　CubeMX 端口配置

重新导出 EX07_RTC 的 MDK 工程，用 Keil MDK 软件打开后，转到 gpio.c 文件，在文件末尾添加数码管驱动函数，代码如下：

```
// 单个数码管显示
void Write595(uint8_t sel, uint8_t num, uint8_t bdot){
    // 共阴数码管, '0'~'9', 'A'~'F' 编码
    static const uint8_t TAB[16] = {
        0x3F, 0x06, 0x5B, 0x4F, 0x66, 0x6D, 0x7D, 0x07,
```

```
        0x7F, 0x6F, 0x77, 0x7C, 0x39, 0x5E, 0x79, 0x71};
    // 74HC138 数码管显示
    HAL_GPIO_WritePin(A3_GPIO_Port, A3_Pin, GPIO_PIN_RESET);
    uint8_t dat = TAB[num & 0x0F] | (bdot ? 0x80 : 0x00);
    if (' ' == num) dat = 0;                    // 空格关闭显示
    else if ('.' == num)     dat = 0x80;        // 单独小数点显示
    else if ('-' == num)     dat = 0x40;        // 负号显示
    else if (num > 0x0F)     dat = num;         // 其余数值按实际段码显示
    // 595 串行移位输入段码
    for (uint8_t i = 0; i < 8; ++i) {
        HAL_GPIO_WritePin(SCK_GPIO_Port, SCK_Pin, GPIO_PIN_RESET);
        HAL_GPIO_WritePin(SER_GPIO_Port, SER_Pin, (dat & 0x80) ? GPIO_PIN_SET :
GPIO_PIN_RESET);
        dat <<= 1;
        HAL_GPIO_WritePin(SCK_GPIO_Port, SCK_Pin, GPIO_PIN_SET);
    }
    // DISLK 脉冲锁存 8 位输出
    HAL_GPIO_WritePin(DISLK_GPIO_Port, DISLK_Pin, GPIO_PIN_RESET);
    HAL_GPIO_WritePin(DISLK_GPIO_Port, DISLK_Pin, GPIO_PIN_SET);
    // 4 位数码管片选
    HAL_GPIO_WritePin(A0_GPIO_Port, A0_Pin,
        (sel & 0x01) ? GPIO_PIN_SET : GPIO_PIN_RESET);
    HAL_GPIO_WritePin(A1_GPIO_Port, A1_Pin,
        (sel & 0x02) ? GPIO_PIN_SET : GPIO_PIN_RESET);
    HAL_GPIO_WritePin(A2_GPIO_Port, A2_Pin, GPIO_PIN_RESET);
    // 74HC138 开数码管显示
    HAL_GPIO_WritePin(A3_GPIO_Port, A3_Pin, GPIO_PIN_SET);
    }
```

继续添加数码管动态扫描显示函数 DispSeg()，代码如下：

```
// 4 位数码管动态扫描显示
void DispSeg(char dat[8]) {
        uint8_t sel = 0;        // 数码管位选
        uint8_t bdot = 0;       // 是否有小数点
        for(uint8_t i = 0; i < 8; ++i) {
                uint8_t num = dat[i];
                if (dat[i] != '.') {
                        if (dat[i + 1] == '.')
```

```
                          bdot = 1;        // 下一位小数点合并到当前位显示
            }
            else {                         // 小数点处理
                    if (bdot) {
                            bdot = 0;
                            continue;        // 跳过已经合并显示的小数点
                    }
            }


            // 十六进制字符显示支持
            if (num >= '0' && num <= '9')     num -= '0';
            else if (num >= 'A' && num <= 'F')
                    num = num - 'A' + 10;
            else if (num >= 'a' && num <= 'f')
                    num = num - 'a' + 10;


            // 点亮对应数码管
            Write595(sel++, num, bdot);
            rt_thread_mdelay(3);              // 延时 3 ms
            if (sel >= 4)                     // 只显示 4 位数码管
                    break;
    }
}
```

将 DispSeg() 函数声明加入 gpio.h 头文件中，方便在数码管任务函数中调用该函数，修改 gpio.h 文件如下：

```
/* USER CODE BEGIN Prototypes */
void SetLeds(uint8_t dat);
uint8_t ScanKey(void);
void DispSeg(char dat[8]);
/* USER CODE END Prototypes */
```

最后，打开 main.c 文件，数码管显示测试没有问题后，继续修改默认任务函数，添加 RTC 时间读取和显示功能，代码如下：

```
/* Infinite loop */
/* USER CODE BEGIN WHILE */
uint32_t tick = 0;                    // 时间戳变量
uint8_t bdot = 0;                     // 秒闪变量
```

```
char dat[8] = "";                              // 数码管显示字符串
while (1)
{
    if (rt_tick_get() >= tick) {
        tick = rt_tick_get() + 500;            // 0.5 s 读取一次 RTC 时间
        if (!g_bSet)
            ReadRTCDateTime();                 // 读取 RTC 日期、时间
    }

    bdot = (rt_tick_get() % 1000) > 800;       // 秒闪控制
    if (g_bSet)
    {
        if (g_nSet)
        {
            if (bdot)
                sprintf(dat, "%02d.   ", RTC_Min);
            else
                sprintf(dat, "%02d.%02d", RTC_Min, RTC_Sec);
        }
        else
        {
            if (bdot)
                sprintf(dat, "   .%02d", RTC_Sec);
            else
                sprintf(dat, "%02d.%02d", RTC_Min, RTC_Sec);
        }
    }
    else
        sprintf(dat, "%02d%s%02d", RTC_Min, bdot ? "" : ".", RTC_Sec);
    DispSeg(dat);
/* USER CODE END WHILE */

/* USER CODE BEGIN 3 */
    rt_thread_mdelay(1);
}
/* USER CODE END 3 */
}
```

上述代码的运行结果如图 9-6 所示。

图 9-6 RTC 时间读取

9.2　STM32 低功耗模式配置

单片机的低功耗模式适合应用在一些使用电池供电或者产品功能上具有高耗电的外设，并且还对功耗有严格要求的场景。一般而言，STM32 处理器降低功耗可以从如下几个方面着手：

(1) 降低 CPU 主频。在运行状态，STM32F407 的单位功耗在 238 μA/MHz，降低时钟频率即可降低功耗。

(2) 关闭不必要的外设时钟。一般情况下处理器内部的 ADC 模块会消耗相对较多的电能，当不使用 ADC 功能时关闭 ADC 模块及其端口时钟可以进一步降低功耗。

(3) 通过使 STM32 处理器进入低功耗模式，实现降低功耗的目的。

在 STM32F4 系统内的低功耗模式有睡眠模式、停止模式和待机模式三种。三种模式分别对应不同使用场景，进入不同模式后功耗也有所不同，其对比如表 9-1 所示。

表 9-1　不同模式功耗对比

模式	说　明	进　入　方　式	唤　醒　方　式
睡眠	内核停止，所有外设包括 M4 核心外设，如 NVIC、系统时钟(SysTick)仍在运行	调用 WFI 命令	任一中断
		调用 WFE 命令	唤醒事件
停止	除了 RTC 时钟，所有时钟都已停止	调用 WFI 或 WFE 命令的同时配置 PWR_CR 寄存器	任一外部中断
待机	1.2V 电源关闭	调用 WFI 或 WFE 命令的同时配置 PWR_CR 寄存器	WKUP 上升沿、RTC 闹铃事件、外部复位、IWDG 复位

睡眠、停止和待机这三种模式的功耗逐层递减，三种模式的应用场景选择，建议如下：

(1) 当需要设备快速恢复并且会频繁进出低功耗的情况下采用睡眠模式。

(2) 当需要设备较长时间休眠并允许 CPU 停止运行，需要设备能从休眠状态唤醒并继续系统运行的情况下，建议使用停止模式。

(3) 当需要设备较长时间休眠并允许 CPU 停止运行，不要求设备从休眠状态唤醒的情况下，可以使用待机模式。

HAL 库中提供的常用低功耗相关函数如表 9-2 所示。

要注意的是，因为系统底层的任务调度事件会唤醒睡眠模式和停止模式，因此在进入睡眠或停止模式前需要将滴答定时器暂停(即关闭任务调度事件)，低功耗唤醒后需要重新使能滴答定时器。相关语句如下：

```
SysTick->CTRL &=  ～SysTick_CTRL_ENABLE_Msk;        //关闭滴答定时器
SysTick->CTRL |= SysTick_CTRL_ENABLE_Msk;            // 启用滴答定时器
```

还有一点需要注意，停止模式被唤醒恢复后，默认使用 STM32F407 的内部时钟(LSI)运行，因此唤醒后需要调用 SystemClock_Config()函数重新配置系统时钟。

表 9-2 常用低功耗相关函数

函 数 名 称	说 明
HAL_PWR_EnterSLEEPMode(uint32_t Regulator, uint8_t SLEEPEntry)	进入睡眠模式
HAL_PWR_EnterSTOPMode(uint32_t Regulator, uint8_t STOPEntry)	进入停止模式
HAL_PWR_EnterSTANDBYMode(void)	进入待机模式
HAL_RTCEx_WakeUpTimerEventCallback(RTC_HandleTypeDef *hrtc)	RTC 唤醒事件回调函数
HAL_RTC_AlarmAEventCallback(RTC_HandleTypeDef *hrtc)	RTC 闹铃事件回调函数
SystemClock_Config(void)	配置系统时钟

9.3 STM32 低功耗编程

本节将使用学习板上的 6 个按键进行低功耗应用演示，在前述的 EX07_RTC 工程基础上，修改 CubeMX 配置，将按键 K4、K5 对应端口设为外部中断模式，K1～K3 和 K6 还是普通输入端口，确认端口设置如图 9-7 所示。这样设置是为了按 K1、K2、K3 按键分别进入三种低功耗模式，按 K6 按键切换自动进入或退出低功耗模式的功能，在睡眠和停止模式下按 K4、K5 按键则能立即退出低功耗模式。

图 9-7 设置按键外部中断工作模式

选择左侧"System Core"栏目中的"NVIC"模块，查看系统中断列表，勾选按键对应的外部中断，如图 9-8 所示。

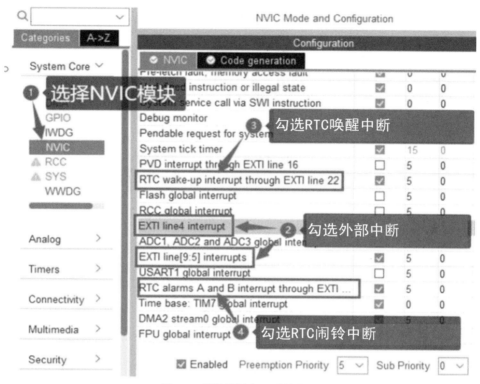

图 9-8　设置设置全局系统中断

因为按键 K4、K5 连接到了单片机的 PE4 和 PE5 端口上，对应的外部中断即是 EXTIline4 和 EXTI line[9:5]，所以需要在 NVIC 模块中勾选这两个外部中断。同样地，因为要用到 RTC 模块的闹铃和唤醒功能，图 9-8 中也要勾选这个两个中断。

设置完成后，重新导出生成 EX07_RTC 的 MDK 工程，打开导出的 MDK 工程后，在 main.c 文件的 ReInitSysClock 函数中，初始化 RTC 后添加如下代码先关闭 RTC 闹铃和唤醒功能：

```
void ReInitSysClock(void) {
    SysTick->CTRL |= SysTick_CTRL_ENABLE_Msk;        // 恢复 SysTick 滴答定时器
    SystemClock_Config();                            // 恢复 CPU 时钟
    HAL_RTCEx_DeactivateWakeUpTimer(&hrtc);          // 关闭 RTC 唤醒功能
    HAL_RTC_DeactivateAlarm(&hrtc, RTC_ALARM_A);     // 关闭 RTC 闹铃功能
}
```

然后打开 main.c 文件,在文件中添加进入三种低功耗模式的封装函数声明和函数定义,代码如下：

```
void EnterSleepMode(uint8_t wktime);        // 进入睡眠模式
void EnterStopMode(uint8_t wktime);         // 进入停止模式
void EnterStandby(uint8_t wktime);          // 进入待机模式
```

```
extern void SystemClock_Config(void);
    ....


/* USER CODE BEGIN 4 */
void EnterSleepMode(uint8_t wktime){                                  // 进入睡眠模式
    if (wktime) {
        // 当参数 wktime 大于 0 时，
        // 表示睡眠之后等待 wktime 指定秒数唤醒
        RTC_AlarmTypeDef sAlarm = {0};
        sAlarm.AlarmTime.Seconds =
                (RTC_Sec + wktime) % 60;
        sAlarm.AlarmTime.DayLightSaving =
                RTC_DAYLIGHTSAVING_NONE;
        sAlarm.AlarmTime.StoreOperation = RTC_STOREOPERATION_RESET;
        sAlarm.AlarmMask = RTC_ALARMMASK_DATEWEEKDAY |
                    RTC_ALARMMASK_HOURS | RTC_ALARMMASK_MINUTES;
        sAlarm.AlarmSubSecondMask = RTC_ALARMSUBSECONDMASK_ALL;
        sAlarm.AlarmDateWeekDaySel = RTC_ALARMDATEWEEKDAYSEL_DATE;
        sAlarm.AlarmDateWeekDay = 1;
        sAlarm.Alarm = RTC_ALARM_A;
        HAL_RTC_SetAlarm_IT(&hrtc, &sAlarm, RTC_FORMAT_BIN);// 开启闹铃
    }

        SysTick->CTRL &= ~SysTick_CTRL_ENABLE_Msk;                    // 关闭 SysTick
        HAL_PWR_EnterSLEEPMode(PWR_MAINREGULATOR_ON,
                    PWR_SLEEPENTRY_WFI);                             // 进入低功耗睡眠
}


void EnterStopMode(uint8_t wktime){                                  // 进入停止模式
    SysTick->CTRL &= ~SysTick_CTRL_ENABLE_Msk;                       // 关闭 SysTick
    if (wktime) // 当参数 wktime 大于 0 时，表示睡眠之后等待 wktime 指定秒数唤醒
        HAL_RTCEx_SetWakeUpTimer_IT(&hrtc, wktime,
RTC_WAKEUPCLOCK_CK_SPRE_16BITS);                                     // 开启 RTC 秒级定时唤醒
    HAL_PWR_EnterSTOPMode(PWR_MAINREGULATOR_ON, PWR_STOPENTRY_WFE);
// 进入低功耗停止模式
}


void EnterStandby(uint8_t wktime){                                  // 进入休眠模式
```

```
        __HAL_PWR_CLEAR_FLAG(PWR_CSR_WUF | PWR_CSR_SBF); //清除唤醒标志和待机标志
        SysTick->CTRL &= ~SysTick_CTRL_ENABLE_Msk;              // 关闭 SysTick
        if (wktime)
            HAL_RTCEx_SetWakeUpTimer_IT(&hrtc, wktime,
    RTC_WAKEUPCLOCK_CK_SPRE_16BITS);                            // 开启 RTC 秒级定时唤醒
        HAL_PWR_EnterSTANDBYMode();                             // 进入低功耗休眠模式
    }
```

上述三个进入低功耗模式的封装函数，都带有一个 wktime 参数，当该参数值为 0 时，进入低功耗模式后没有开启自动唤醒功能，当 wktime 参数值为非零时，该参数值表示进入低功耗模式后定时唤醒的等待时间(单位为 s)。

接下来在 main.c 文件末尾继续添加退出低功耗模式时的中断响应处理函数，包括外部中断、唤醒中断和闹铃中断的回调函数代码。这三个中断回调函数，执行动作基本相同，都是恢复滴答定时器，恢复 CPU 时钟，最后关闭 RTC 闹铃和唤醒功能。添加的具体代码如下：

```
void ReInitSysClock(void) {
    SysTick->CTRL |= SysTick_CTRL_ENABLE_Msk;           // 恢复 SysTick 滴答定时器
    SystemClock_Config();                               // 恢复 CPU 时钟
    HAL_RTCEx_DeactivateWakeUpTimer(&hrtc);             // 关闭 RTC 唤醒功能
    HAL_RTC_DeactivateAlarm(&hrtc, RTC_ALARM_A);        // 关闭 RTC 闹铃功能
}
void HAL_GPIO_EXTI_Callback(uint16_t GPIO_Pin) {  // K4、K5 按键对应的外部中断回调函数
    ReInitSysClock();
}
// RTC 定时唤醒中断回调函数
void HAL_RTCEx_WakeUpTimerEventCallback(RTC_HandleTypeDef *hrtc) {
    ReInitSysClock();
}
void HAL_RTC_AlarmAEventCallback(RTC_HandleTypeDef *hrtc) { // RTC 闹铃中断回调函数
    ReInitSysClock();
}
```

最后，修改按键扫描任务函数，添加按键动作功能逻辑代码，如下所示：

```
/* 按键扫描线程入口函数 */
void ThreadKEYEntry(void* parameter) {
    uint32_t tick = rt_tick_get(); // 定义时间戳变量，用于按键空闲判断
    uint8_t bAuto = 0;             // 定义自动唤醒标志，为 1 时开启 5 s 自动唤醒功能
    uint8_t nLP = 0;               // 定义低功耗模式选择变量，1~3 对应三种低功耗模式
```

```
    if (__HAL_PWR_GET_FLAG(PWR_CSR_WUF) &&
__HAL_PWR_GET_FLAG(PWR_CSR_SBF)){        // 检测是否为待机后被唤醒状态
        bAuto = 1;   nLP = 3;             // 如果是待机后被唤醒状态，恢复待机前变量值
    }
    for(;;)   {                          // 任务循环
        uint32_t tt = rt_tick_get();     // 获取当前时间戳
        if ((HAL_GPIO_ReadPin(K1_GPIO_Port, K1_Pin) == GPIO_PIN_RESET) ||
                (HAL_GPIO_ReadPin(K2_GPIO_Port, K2_Pin) == GPIO_PIN_RESET) ||
                (HAL_GPIO_ReadPin(K3_GPIO_Port, K3_Pin) == GPIO_PIN_RESET) ||
                (HAL_GPIO_ReadPin(K4_GPIO_Port, K4_Pin) == GPIO_PIN_RESET) ||
                (HAL_GPIO_ReadPin(K5_GPIO_Port, K5_Pin) == GPIO_PIN_SET) ||
                (HAL_GPIO_ReadPin(K6_GPIO_Port, K6_Pin) == GPIO_PIN_SET) )
            tick = tt;                    // 如果有任意按键，空闲时间戳赋值
        if (HAL_GPIO_ReadPin(K6_GPIO_Port, K6_Pin) == GPIO_PIN_SET) {
            bAuto = !bAuto;               // 如果按下 K6 按键，切换自动唤醒标志
            while (HAL_GPIO_ReadPin(K6_GPIO_Port, K6_Pin) == GPIO_PIN_SET);
// 等待 K6 放开
            if (bAuto)
            {
                SetLeds(0xFF);            rt_thread_mdelay(100);
                SetLeds(0x00);           rt_thread_mdelay(100);
                SetLeds(0xFF);           rt_thread_mdelay(100);
                SetLeds(0x00);           rt_thread_mdelay(100);
            }
        }
        if (HAL_GPIO_ReadPin(K1_GPIO_Port, K1_Pin) == GPIO_PIN_RESET)
            tick = nLP = 1; // K1 按键，进入低功耗睡眠模式
        if (HAL_GPIO_ReadPin(K2_GPIO_Port, K2_Pin) == GPIO_PIN_RESET)
            tick = nLP = 2; // K2 按键，进入低功耗停止模式
        if (HAL_GPIO_ReadPin(K3_GPIO_Port, K3_Pin) == GPIO_PIN_RESET)
            tick = nLP = 3; // K3 按键，进入低功耗待机模式
        if (rt_tick_get() >=  tick + 5000)  {   // 按键空闲 5 s 以上
            // 根据 nLP 的值自动进入对应的低功耗模式
            if (1 == nLP)      EnterSleepMode(bAuto ? 5 : 0); // 根据 bAuto 标志决定是否自动唤醒
            else if (2 == nLP) EnterStopMode(bAuto ? 5 : 0);
            else if (3 == nLP) EnterStandby(bAuto ? 5 : 0);
            tick = tt;
        }
```

```
        rt_thread_mdelay(50);
    }
}
```

保存工程，重新编译，编译成功后下载程序到学习板上，测试观察按下按键 K1、K2、K3、K6 时的数码管显示情况。

在睡眠模式和停止模式下，数码管的动态扫描显示只停留在其中一位数码管上了，并没有完全关闭，如图 9-9 所示。

图 9-9　数码管演示

而在待机模式下，数码管的显示就完全熄灭了，这就很好地体现了待机模式和前两个模式的不同，而且演示程序在前两个待机模式下，按动 K4、K5 按键能够立即唤醒程序，但是待机模式下就不能用 K4、K5 按键唤醒了。

实验　RTC 应用编程

一、实验目标

熟悉 HAL 库 RTC 操作函数，实现 RTC 时钟设置。

二、实验内容

(1) 创建并复现 EX07_RTC 示例，最后在学习板上测试通过。

(2) 在 EX07_RTC 示例工程基础上，尝试实现时间设置功能。按 K5 键进入设置模式，在设置模式下，可用 K2、K3 按键左右切换设置项(分钟、秒钟可设置)，可用 K1、K4 按键上下调整设置值的大小，再按 K5 键确认退出，或者按 K6 键取消设置。

附加要求：在设置模式下，数码管不显示当前时间，仅显示设置值，而且当前设置项有秒闪提示。进入设置模式时，默认当前时间为设置值。

根据以上设计思路，完成程序编写，最后在学习板上测试通过。

第 10 章

嵌入式文件系统

随着信息技术的发展，嵌入式系统中的数据量越来越大，已经开始采用文件系统对存储介质进行管理。文件系统是在存储介质上建立的一种组织结构，也是一种高效的数据管理方式。嵌入式系统中，常用的存储外设有 NOR FLASH（SPI FLASH）、NAND FLASH、SD 卡、EMMC、UFS、U 盘等。要在这些芯片上有效管理数据，需要用到嵌入式文件系统，例如 FAT、CRAMFS、JFFS 等。本章将以 SPI FLASH、U 盘为例来实践嵌入式文件 FAT 的操作。

10.1 SPI FLASH 配置

学习板上的外部 FLASH 器件型号为 W25Q128，它是华邦公司推出的大容量 SPI FLASH 产品，其容量有 16 MB，擦写周期多达 10 万次，可将数据保存 20 年之久。

W25Q128 将 16 MB 的容量分为 256 个块，每个块大小为 64 KB，每个块又分为 16 个扇区，每个扇区有 4096 个字节，该器件的最小擦除单位为一个扇区，也就是每次必须擦除 4096 个字节。

学习板上的 W25Q128 器件连接到了 STM32F407 的 SPI1 外设上，连接 SPI FLASH 的引脚分配如表 10-1 所示。

表 10-1　引脚分配表

信 号 名 称	STM32 引脚
SPI1_CS	PC4
SPI_MOSI	PA7
SPI_MISO	PA6
SPI1_CLK	PA5

学习板配套提供的 SPI FLASH 驱动文件是一个名为 W25Q128.rar 的压缩包文件，解压缩后得到一个"W25QXX"文件夹和其中的两个文件 w25qxx.c 和 w25qxx.h。打开 w25qxx.h

文件，可以看到该文件提供的 FLASH 操作函数，如表 10-2 所示。

表 10-2　函数功能表

函 数 声 明	功　能
void W25QXX_Init(void)	器件初始化
uint16_t W25QXX_ReadID(void)	读取 FLASH ID
void W25QXX_Write_Enable(void)	写使能
void W25QXX_Write_Disable(void)	写保护
Void W25QXX_Read(uint8_t *pBuffer, uint32_t ReadAddr, uint32_t NumByteToRead)	读取 FLASH
void W25QXX_Write(uint8_t *pBuffer,uint32_t WriteAddr, uint32_t NumByteToWrite)	写入 FLASH
Void W25QXX_Erase_Sector(uint32_t Dst_Addr)	扇区擦除
void W25QXX_Wait_Busy(void)	等待空闲
void W25QXX_PowerDown(void)	进入低功耗模式
void W25QXX_WAKEUP(void)	唤醒

复制 EX03_UART 工程，将工程名改为 EX08_SPIFLASH，删除 MDK-ARM 子目录，然后打开 EX08_SPIFLASH 的 CubeMX 工程，如图 10-1 所示，添加 SPI1 外设。

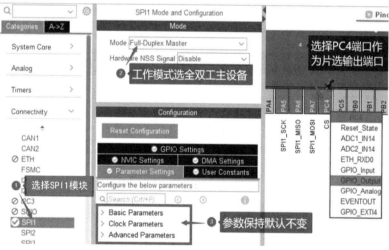

图 10-1　SPI 模块设置

SPI FLASH 器件的片选信号连接的是 PC4 端口，所以 CubeMX 中还添加了一个 PC4 输出端口，为了对应 SPI FLASH 驱动程序中的端口名称，还将 PC4 端口标签名改为 CS。添加完 SPI1 模块后，再确认 USART1 模块是否已添加，演示示例将通过串口调试来查看程序运行结果。

为了方便后续实验，建议开启 RT-Thread 组件中的 Using dynamic Heap Management，如图 10-2 所示。如果要在任务开始之前(main()函数)操作 SPI FLASH，那么 CubeMX 导出工程时还需要调整导出工程选项中的堆栈大小，如图 10-3 所示。

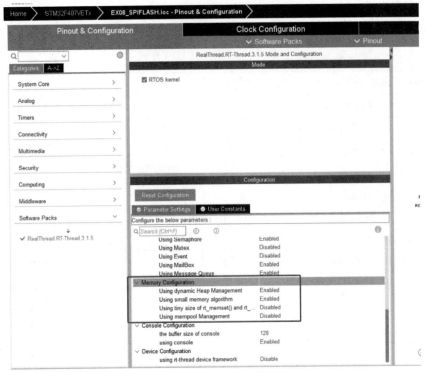

图 10-2   RT-Thread 组件设置

    所有设置修改完后，保存并导出 EX08_SPIFLASH 的 MDK 工程，打开工程目录，准备添加驱动文件，如图 10-3 所示。

图 10-3   堆栈大小设置

    将之前解压得到的 W25QXX 文件夹复制到 EX08_SPIFLASH 工程目录的 Drivers 子目录下，然后启动 MDK 打开 EX08_SPIFLASH 工程。如图 10-4 所示，添加 w25qxx.c 源文件到 Core 文件组，同时设置工程包含路径，添加 w25qxx.h 文件所在路径。

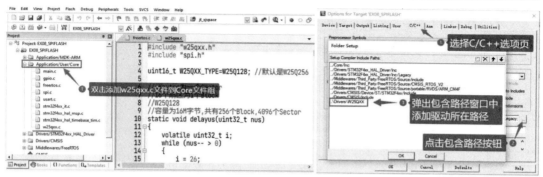

图 10-4　驱动添加设置

10.2　SPI FLASH 读写操作

在 main.c 文件中，添加 w25qxx.h 头文件，定义测试相关读写数组，声明测试函数并在默认任务循环之前调用该函数，相关代码如下：

```
...
/* USER CODE BEGIN Includes */
#include "w25qxx.h"
#include <stdio.h>
#include <string.h>
/* USER CODE END Includes */
...
/* USER CODE BEGIN Variables */
uint8_t write_dat[SECTOR_SIZE] = {0};
uint8_t read_buf[SECTOR_SIZE] = {0};
/* USER CODE END Variables */
...
/* USER CODE BEGIN FunctionPrototypes */
void TestW25Q128(void);
/* USER CODE END FunctionPrototypes */
...
void StartDefaultTask(void *argument){
/* USER CODE BEGIN StartDefaultTask */
TestW25Q128();
for(;;) {
    osDelay(1);
}
```

```
/* USER CODE END StartDefaultTask */
```

在 main.c 文件末尾添加测试函数，具体实现代码如下所示：

```c
/* Private user code -------------------------------------------------*/
/* USER CODE BEGIN 0 */
void TestW25Q128(void) {
    rt_thread_mdelay(100);                      // 延时等待外设稳定
    W25QXX_Init();                              // 初始化 FLASH 器件
    // 读取器件 ID，以此判断器件型号
    printf("FLASH ID = 0x%04X\n", W25QXX_ReadID());

    int i, j = 0;
    uint32_t addr = 0;                          // 地址变量，按扇区大小递增
    for (j = 0; j < 10; ++j) {                  // 只测试前 10 个扇区
        addr = SECTOR_SIZE * j;                 // 扇区起始地址
        // 读取一整个扇区数据
        memset(read_buf, 0, SECTOR_SIZE);       // 读缓冲清零
        W25QXX_Read(read_buf, addr, SECTOR_SIZE);   // 读取数据
        for (i = 0; i < SECTOR_SIZE; ++i)       // 初始化写入数据
            write_dat[i] = read_buf[i] + i + 1;
        // 写数据
        printf("Write data in sector %d\n", addr / SECTOR_SIZE);
        W25QXX_Write(write_dat, addr, SECTOR_SIZE);   // 写入数据
        W25QXX_Read(read_buf, addr, SECTOR_SIZE);     // 再次读数据

        // 两个数组比较，可以用 memcmp()函数，相同返回 0
        int chk_err = memcmp(write_dat, read_buf, SECTOR_SIZE);
        printf("sector %d check %s!\n",
                        addr / 0x1000, chk_err ? "error" : "ok!");
        if (chk_err)
            break;
    }
}

/* USER CODE END 0 */
```

添加代码完成后，编译工程，下载程序到学习板上进行测试，通过串口调试助手可以看到测试结果，如图 10-5 所示，观察实际打印结果并判断 SPI FLASH 直接读写测试是否有问题。

友善串口调试助手

文件(F) 编辑(E) 视图(V) 工具(T) 控制(C) 帮助(H)

串口设置

端　口　COM10(USB 串行设备)

波特率　115200

数据位　8

校验位　None

停止位　1

流　控　None

接收设置

⦿ ASCII　　○ Hex

☑ 自动换行

```
/ | \    3.1.5 build Sep  9 2022
2006 - 2020 Copyright by rt-thread team
FLASH ID = 0xEF17
Write data in sector 0
sector 0 check ok!!
Write data in sector 1
sector 1 check ok!!
Write data in sector 2
sector 2 check ok!!
Write data in sector 3
sector 3 check ok!!
Write data in sector 4
sector 4 check ok!!
Write data in sector 5
sector 5 check ok!!
```

图 10-5　FLASH 读写测试

10.3　SPI FLASH 的访问

在 SPI FLASH 上建立文件系统,不但可提高数据读写的可靠性和有效性,还能提供友好统一的编程接口。本节以 FatFs Module 为例讲解如何在 SPI FLASH 上建立 FAT 文件系统。

FatFs 是一种完全免费开源的 FAT(File Allocation Table)文件系统模块,专门为小型的嵌入式系统而设计。FatFs 文件系统模块的特性包括以下几点:

(1) 兼容 Windows 系统的 FAT 文件系统;

(2) 代码量小,模块与平台无关,容易移植;

(3) 具有多种配置选项,支持多个存储介质或分区、长文件名、RTOS、多种扇区大小等。

FatFs 之所以能在不同的单片机上使用,是因为其设计时具有良好的层次结构,如图 10-6 所示。最上的应用层使得使用者无须理会 FatFs 的内部结构和复杂的 FAT 协议,只需要调用 FatFs 提供给用户的一系列应用接口函数,如 f_open()、f_read()、f_write()和 f_close()等,就可以达到类似 C 语言中的 fopen()、fread()、fwrite()和 fclose()等文件读写函数的效果。

中间层 FatFs 模块实现了 FAT 文件读写协议,除非有必要,使用者一般不进行修改。需要使用者编写移植代码的是 FatFs 提供的底层接口,它包括底层磁盘(存储介质)I/O 接口(diskio.c 文件)和供给文件创建修改时间的 RTC 时钟。FatFs 源码相关文件如表 10-3 所示。

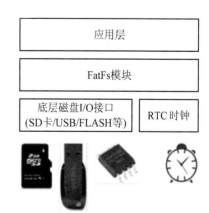

图 10-6　FatFs 文件模块

表 10-3　文件说明

文 件 名 称	文 件 说 明	平台相关性
ffconf.h	FatFs 模块配置文件	与平台无关
ff.h	FatFs 和应用模块公用的包含文件	与平台无关
ff.c	FatFs 模块	与平台无关
diskio.h	FatFs 和 disk I/O 模块公用的包含文件	与平台无关
interger.h	数据类型定义	与平台无关
option 子目录	包含可选的外部功能，如中文支持	与平台无关
diskio.c	FatFs 和 disk I/O 模块接口层文件	与平台相关

直接下载源码进行 FatFs 移植时，一般只需要修改 ffconf.h 和 diskio.c 这两个文件。ffconf.h 用于配置 FatFs 功能，而 diskio.c 对应存储介质的 I/O 接口和 RTC 时钟。需要填写修改的接口函数如图 10-7 所示。

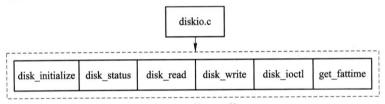

图 10-7　接口函数

STM32CubeMX 安装固件包中的 FatFs 源码和官网源码稍有不同，ST 公司为 FatFs 的 HAL 库版本附加了几个文件，如 BSP 驱动、通用驱动接口相关的接口链接文件。表 10-4 中给出了 CubeMX 附加的 FatFs 相关文件说明。

表 10-4　文件说明

文件名称	文 件 说 明	文 件 位 置
ff_gen_drv.c	FatFs 通用驱动文件实现	FatFs 源码 src 目录
ff_gen_drv.h	FatFs 通用驱动头文件	FatFs 源码 src 目录
sd_diskio.c	针对 SD 卡的驱动接口实现	工程目录/FATFS/Target
sd_diskio.h	SD 卡操作函数 HAL 库二次封装头文件	工程目录/FATFS/Target
bsp_driver_sd.c	针对 USB Host(U 盘)的驱动接口实现	工程目录/FATFS/Target
bsp_driver_sd.h	针对 USB Host(U 盘)的驱动接口头文件	工程目录/FATFS/Target
usbh_diskio.c	用户自定义存储介质操作函数的 HAL 库封装实现	工程目录/FATFS/Target
user_diskio.h	用户自定义存储介质操作函数的 HAL 库封装头文件	工程目录/FATFS/Target
fatfs.c	FatFs 初始化、文件对象和文件时间获取函数定义	工程目录/FATFS/App
fatfs.h	FatFs 初始化、文件对象和文件时间获取函数声明	工程目录/FATFS/App

使用 CubeMX+FatFs 时，在 CubeMX 中对 FatFs 进行参数选项设置，导出工程后，主要修改 user_diskio.c 中的存储介质操作函数。

FatFs 提供的应用接口(API)函数名称和标准 C 语言中的文件操作相关函数名称类似，大部分的 FatFs 应用接口函数名称都是以"f_"开头的，去掉下划线就变成标准 C 语言的库函数了。如 f_open()函数对应标准 C 语言库函数中的 fopen()函数。

这里介绍一些常用的 FatFs 接口函数：

(1) 挂载/卸载设备函数，函数原型如下：

FRESULT f_mount(FATFS *fs, const TCHAR *path, BYTE opt)

参数 fs：fs 工作区(文件系统对象)指针，如果赋值为 NULL 可以取消物理设备挂载。

参数 path：注册/注销工作区的逻辑设备编号，使用设备根路径表示。

参数 opt：注册或注销选项(可选 0 或 1)，0 表示不立即挂载，1 表示立即挂载。

应用示例：

```
retUSER = f_mount(&USERFatFS, USERPath, 1);        // 挂载 SPI FLASH
retUSER = f_mount(NULL, USERPath, 0);              // 卸载 SPI FLASH
```

(2) 格式化设备函数，函数原型如下：

FRESULT f_mkfs(const TCHAR *path, BYTE opt, DWORD au, void *work, UINT len)

参数 path：逻辑设备编号，使用设备根路径表示。

参数 opt：格式化的类型，常用 FM_ANY 表示格式化为默认的 FAT32 格式。

参数 au：指定扇区大小，若为 0，表示通过 disk_ioctl 函数获取。

参数 work：用户提供的缓冲数组，用于函数内部读写测试。

参数 len：用户提供的缓冲大小，以字节为单位，一般为扇区大小。

应用示例：

```
uint8_t work[_MAX_SS]; // 以默认参数大小格式化 SPI FLASH
retUSER = f_mkfs(USERPath, FM_ANY, 0, work, sizeof(work));
```

(3) 打开文件函数，函数原型如下：

FRESULT f_open(FIL *fp, const TCHAR *path, BYTE mode)

参数 fp：创建或打开的文件对象指针。

参数 path：文件名指针，指定创建或打开的文件名(包含文件类型后缀名)。

参数 mode：访问类型和打开方法。mode 可选值有 FA_READ(指定读访问对象，可以从文件中读取数据，与 FA_WRITE 结合可以进行读写访问)、FA_WRITE(指定写访问对象，可以向文件中写入数据，与 FA_READ 结合可以进行读写访问)、FA_OPEN_EXISTING(打开文件，如果文件不存在，则打开失败)、FA_OPEN_ALWAYS(如果文件存在，则打开，否则创建一个新文件)、FA_CREATE_NEW(创建一个新文件，如果文件已存在则创建失败)、FA_CREATE_ALWAYS(创建一个新文件，如果文件已存在则它将被截断并被覆盖)。

(4) 关闭文件函数，函数原型如下：

FRESULT f_close(FIL *fp)

参数 fp：被关闭的已打开的文件对象结构的指针。

应用示例：

```
// 在 SPI FLASH 上创建并打开 a.txt 文件准备写入数据
if(f_open(&USERFile, "a.txt", FA_CREATE_ALWAYS|FA_WRITE) == FR_OK) {
...
f_close(&USERFile); // 文件打开后用完记得关闭，不然可能会丢失数据
}
```

(5) 写入数据函数，函数原型如下：

FRESULT f_write(FIL *fp, const void *buff, UINT btw, UINT *bw)

参数 fp：被写入的已打开的文件对象结构的指针。

参数 buff：存储写入数据的缓冲区的指针。

参数 btw：写入的字节数。

参数 bw：返回已写入字节数的 UINT 变量的指针，返回值为实际写入的字节数。

应用示例：

```
// 向 USERFile 文件对象写入 wtext 数组内容，要写入字节数为数组大小
if(f_write(&USERFile, wtext, sizeof(wtext),&byteswritten) == FR_OK){
// 实际写入字节数存入 byteswritten 变量
...
}
```

(6) 读取数据函数，函数原型如下：

FRESULT f_read (FIL *fp, const void *buff, UINT btr, UINT *br)

参数 fp：被读取的已打开的文件对象结构的指针。

参数 buff：存储读取数据的缓冲区的指针。

参数 btr：读取的字节数。

参数 br：返回已读取字节数的 UINT 变量的指针，返回值为实际读取的字节数。

应用示例：

```
// 从 USERFile 文件对象读取指定字节数(rtext 数组大小)的数据
// 读取数据存入 rtext 数组，实际读取字节数存入 bytesread 变量
retSD = f_read(&USERFile, rtext, sizeof(rtext),(UINT*)&bytesread);
```

复制 EX08_SPIFLASH 工程，创建一份副本，将其改名为 EX08_FATFS，删除 MDK-ARM 子目录。然后打开 EX08_FATFS 的 CubeMX 工程，添加 "FATFS" 模块，勾选 User-defined 模式，并设置 FatFs 扇区的最大值为 4096，结果如图 10-8 所示。

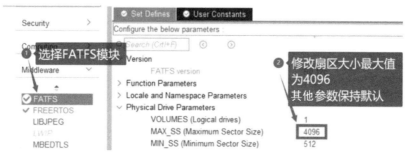

图 10-8　接口函数

　　所有设置修改完后，保存并导出 EX08_FATFS 的 MDK 工程。参照之前的操作，重新向 Core 文件组添加 w25qxx.c 文件，并重新添加工程包含路径。

　　如前所述，基于 CubeMX 添加的 FatFs 模块，用户需要修改 user_diskio.c 文件，实现该文件中涉及的设备初始化、状态读取、读写和查询命令操作函数的具体内容。打开 EX08_FATFS 的 MDK 工程后，打开 user_diskio.c 文件，修改 USER_initialize()、USER_status()、USER_read()、USER_write() 和 USER_ioctl() 这五个函数，修改代码如下所示：

```
...
/* USER CODE BEGIN DECL */
/*Includes -------------*/
#include <string.h>
#include "ff_gen_drv.h"
#include "w25qxx.h"
/* Private define ------*/
#define FLASH_SECTOR_SIZE    SECTOR_SIZE
#define FLASH_SECTOR_COUNT 4096              // W25Q128 总共有 4096 个扇区
#define FLASH_BLOCK_SIZE 1                   // FLASH 以 1 个扇区为最小擦除单位
...
/* USER CODE END DECL */
...
DSTATUS USER_initialize ( BYTE pdrv                /* Physical drive number to identify the drive */
) {
    /* USER CODE BEGIN INIT */
    W25QXX_Init();
    return RES_OK;
    /* USER CODE END INIT */
}
DSTATUS USER_status ( BYTE pdrv /* Physical drive number to identify the drive */
) {
    /* USER CODE BEGIN STATUS */
    return RES_OK;
```

```
        /* USER CODE END STATUS */
}
DRESULT USER_read (
BYTE pdrv, /* Physical drive number to identify the drive */
BYTE *buff, /* Data buffer to store read data */
DWORD sector, /* Sector address in LBA */
UINT count /* Number of sectors to read */
){
    /* USER CODE BEGIN READ */
        if(!count)return RES_PARERR; // count 不能等于 0，否则返回参数错误
        for(; count > 0; count--){
        W25QXX_Read(buff, sector * FLASH_SECTOR_SIZE, FLASH_SECTOR_SIZE);
        sector ++;
        buff += FLASH_SECTOR_SIZE;
    }
    return RES_OK;
/* USER CODE END READ */
}


DRESULT USER_write (
BYTE pdrv,   /* Physical drive number to identify the drive */
const BYTE *buff, /* Data to be written */
DWORD sector, /* Sector address in LBA */
UINT count /* Number of sectors to write */
    ){
    /* USER CODE BEGIN WRITE */
        if(!count)return RES_PARERR; // count 不能等于 0，否则返回参数错误
        for(; count > 0; count--){
        W25QXX_Write(buff, sector *FLASH_SECTOR_SIZE, FLASH_SECTOR_SIZE);
        sector ++;
        buff += FLASH_SECTOR_SIZE;
    }
    return RES_OK;
    /* USER CODE END WRITE */
    }


DRESULT USER_ioctl (
BYTE pdrv, /* Physical drive number (0..) */
```

```
BYTE cmd, /* Control code */
void *buff /* Buffer to send/receive control data */
    ){
    /* USER CODE BEGIN IOCTL */
    DRESULT res = RES_OK;
        switch(cmd){
        case CTRL_SYNC:case CTRL_TRIM:break;
        case GET_SECTOR_SIZE:*(WORD*)buff = FLASH_SECTOR_SIZE;break;
        case GET_BLOCK_SIZE:*(WORD*)buff = FLASH_BLOCK_SIZE;break;
        case GET_SECTOR_COUNT:*(DWORD*)buff = FLASH_SECTOR_COUNT;break;
        default:res = RES_ERROR;break;
    }
    return res;
    /* USER CODE END IOCTL */
}
```

回到 main.c 文件，添加 FatFs 文件操作测试函数，并在默认任务中调用该函数，如下所示：

```
...
/* USER CODE BEGIN Includes */
#include "w25qxx.h"
#include <stdio.h>
#include <string.h>
#include "fatfs.h"
/* USER CODE END Includes */
...
/* USER CODE BEGIN FunctionPrototypes */
FRESULT TestFatFs(FATFS *pfs, FIL *pfil, char *path);        // 文件操作测试函数声明
/* USER CODE END FunctionPrototypes */
..

/* USER CODE BEGIN 4 */
FRESULT TestFatFs(FATFS *pfs, FIL *pfil, char *path){
    BYTE work[SECTOR_SIZE];                                  // 格式化工作缓冲区
    char filename[128];                                      // 文件路径名
    FRESULT res;                                             // 文件操作结果

        rt_thread_mdelay(100);
```

```c
    res= f_mount(pfs, path, 1);                      // 立即挂载文件系统
    if(res == FR_NO_FILESYSTEM){                      // 重新格式化 FLASH
        printf("Flash Disk Formatting...\n");        // 开始格式化 FLASH
        res = f_mkfs(path, FM_ANY, 0, work,sizeof(work));
        if(res != FR_OK){
            printf("mkfs error.\n");
            return res;                              // 格式化错误，直接返回
        }
    }
    if(res == FR_OK)                                 // 打印初始化结果
        printf("FATFS Init ok!\n");
    else{
        printf("FATFS Init error%d\n", res);
        return res;                                  // 初始化失败，直接返回
    }
    // 打开 test.txt 文件进行读写，如果文件不存在则先创建文件
    sprintf(filename,"%stest.txt", path);            // 设置文件名绝对路径
    res = f_open(pfil, filename, FA_OPEN_ALWAYS |
             FA_WRITE | FA_READ | FA_OPEN_APPEND);
    if(res != FR_OK)          printf("open file error.\n");
    else{
        printf("open file ok.\n");
        f_puts("Hello,World!\n 你好世界\n", pfil);    // 写入两行字符串
        printf("file size:%d Bytes.\n",(int)f_size(pfil)); // 打印文件大小

        UINT br;                                     // 临时变量
        f_lseek(pfil, 0);                            // 定位到文件头，准备读取数据
        memset(work, 0x0,sizeof(work));
        res = f_read(pfil, work,sizeof(work),&br);   // 读取数据
        if(res == FR_OK)
            printf("read size:%d Bytes.\n%s", br, work);// 打印读取内容
        else    printf("read error!\r\n");
        f_close(pfil);                               // 文件用完了记得关闭文件
    }
    res = f_mount(0, path, 0);                        // 测试结束，卸载文件系统
    return res;
    }
/* USER CODE END 4 */
```

回到默认任务，在任务函数的任务循环之前，添加程序代码调用 FatFs 测试函数。调

用 TestFatFs()函数时，用到了 retUSER、USERFatFS、USERFile 和 USERPath 这几个全局变量，它们都是在 main.c 中定义的全局变量，所以之前在 main.c 文件开头要先添加 fatfs.h 头文件，对这三个变量进行外部声明，代码如下：

```
/* USER CODE BEGIN 2 */
retUSER = TestFatFs(&USERFatFS,&USERFile, USERPath); // 文件操作测试
/* USER CODE END 2 */
/* Infinite loop */
/* USER CODE BEGIN WHILE */
while(1)
{
  /* USER CODE END WHILE */


  /* USER CODE BEGIN 3 */
}
/* USER CODE END 3 */
```

测试函数中定义的 work 数组比较大，如果之前在 CubeMX 中指定的任务栈空间太小，可能程序运行时就会跑飞。之前的 TestW25Q128()函数也是类似的道理，之所以把读写缓冲区定义为全局变量，就是考虑任务栈空间可能不够的情况。重新编译工程，下载程序到学习板上测试运行。第一次运行，先格式化再写入字符串；第二次运行，把两次写入的字符串都读出来了，结果如图 10-9 所示。

图 10-9　测试结果

10.3　U 盘的访问

USB(Universal Serial Bus)是一种支持热插拔的通用串行总线，它是一种快速、双向、同步传输的串行接口。目前为止，USB 已经在 PC 端的多种外设上得到应用，包括键盘、

鼠标、U 盘、打印机等众多种类的电子产品。在工业应用领域，USB 也是设计外设接口时的理想总线。

U 盘全称为 USB 闪存驱动器，是一种使用 USB 接口的微型高容量移动存储产品。在嵌入式系统应用中，通常也有嵌入式设备访问 U 盘进行文件读写的场景。STM32F407 提供了一个 USB_OTG_FS 全速接口和一个 USB_OTG_HS 高速接口，这两个外设模块都可以 USB Host 模式连接 U 盘。学习板上提供了一个 USB Host 接口(连接 USB_OTG_FS 外设)可用于访问 U 盘设备，接下来将演示使用 FatFs 文件系统访问 U 盘的应用实践。

延续之前的 EX08_FATFS 工程，先将工程复制，创建一份副本并将其改名为 EX08_USB，删除 MDK-ARM 子目录，然后打开 EX08_USB 的 CubeMX 工程，如图 10-10 所示。

先添加 USB_OTG_FS 外设。然后在左侧的 "Middleware" 栏目中选择 USB_HOST 模块，设置其工作模式为 "Mass Storage Host Class"，USBH 任务栈空间大小改为 512 个字节。

图 10-10　CubeMX 中 USB 模块设置

最后，在 "FATFS" 模块中，勾选 "USB Disk" 选项，添加 "FATFS" 模块的 U 盘支持，其他参数保持不变，如图 10-11 所示。注意 "Clock Configuration" 时钟设置界面中，USB 外设时钟可能因为默认频率超过最大值(48 MHz)出现警告，确认该警告后，需要重新输入 HCLK 频率值让 CubeMX 自动配置一遍时钟。

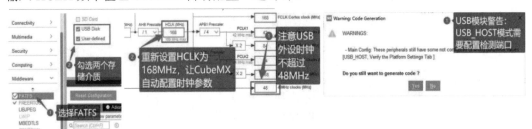

图 10-11　CubeMX 中 USB 模块时钟设置

以上修改完成后，重新导出生成 EX08_USB 的 MDK 工程，此时 USB 模块会弹出如图 10-11 右侧所示的警告，提示 USB_HOST 模块需要设置一个输出端口作为 USB 设备供电使能端口，忽略该警告，点击 "Yes" 直接导出 MDK 工程。

打开 EX08_USB 工程目录，如图 10-12 所示，CubeMX 为导出 MDK 工程自动添加了几个相应的 USB 驱动文件。用 Keil MDK 软件打开该工程，可以从左边的工程文件列表中看到，USB 相关驱动均已自动添加到 EX08_USB 工程中了。

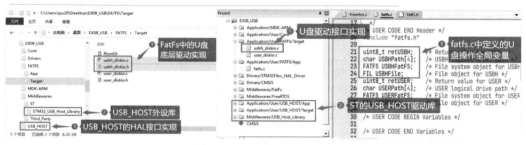

图 10-12　U 盘驱动文件结构

由于 EX08_USB 工程还保留了 SPI FLASH 的 FatFs 驱动接口，因此在 MDK 工程中还应把 w25qxx.c 文件添加到 Core 文件组当中。

打开 main.c 文件，修改默认任务，在任务函数中添加 U 盘的文件读写测试操作，添加代码如下：

```
/* 按键扫描线程入口函数 */
void ThreadTestEntry(void* parameter){
    rt_thread_mdelay(100);
    // printf("SPI FLASH FATFS READ WRITE TEST!!!\n");
    // retUSER = TestFatFs(&USERFatFS, &USERFile, USERPath);
    printf("USB FATFS READ WRITE TEST!!!\n");                // 打印提示信息
    retUSBH = TestFatFs(&USBHFatFS,&USBHFile, USBHPath);     //U 盘文件读写测试
    for(;;){                                                 // 任务循环
        rt_thread_mdelay(50);
    }
}
```

重新编译下载，插上 U 盘，程序测试结果如图 10-13 所示。

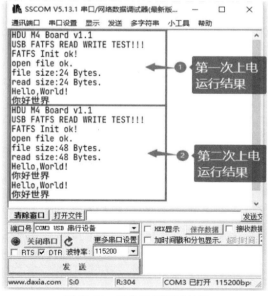

图 10-13　U 盘示例测试结果

实验　文件系统读写

一、实验目标

基于单片机学习板实现文件读写操作。

二、实验内容

(1) 创建并复现 EX08_FATFS 工程，最后在学习板上测试通过。

(2) 在 EX08_FATFS 示例工程基础上，参考温度报警功能，尝试设计实现温度报警阈值的文件存储功能。每次按键修改报警阈值时，能将设置值保存到"para.txt"文件中，重新上电启动后能自动读取"para.txt"中保存的参数值。

根据以上内容，完成程序编写，最后在学习板上测试通过。

第11章

数 模 转 换

数/模转换(DAC)的作用就是把输入的数字编码,转换成对应的模拟电压输出,它的功能与 ADC 相反。在常见的数字信号系统中,大部分传感器信号被转换成电压模拟信号,电压模拟信号被 ADC 转换成易于计算机存储、处理的数字编码,当计算机处理完成后,再由DAC 输出电压模拟信号,该电压模拟信号常常用来驱动某些执行器件,使人类易于感知。

11.1 片内DAC配置

STM32 具有片上 DAC,它的分辨率可配置为 8 位或 12 位的数字输入信号。STM32 具有两个 DAC 输出通道,这两个通道互不影响,每个通道都可以使用 DMA 功能,都具有出错检测能力,且可外部触发。

STM32 的 DAC 模块框图见图 11-1。

整个 DAC 模块围绕框图下方的数模转换器展开,它的左边分别是参考电源的引脚:V_{DDA}、V_{SSA} 及 V_{REF+}。STM32 的 DAC 规定了它的参考电压 V_{REF+}输入范围为 2.4~3.3 V。数模转换器的输入为 DAC 的数据寄存器 "DORx" 的数字编码,经过数模转换器转换得到的模拟信号由图中右侧的 "DAC_OUTx" 输出。而数据寄存器 "DORx" 又受 "控制逻辑"支配,控制逻辑可以控制数据寄存器加入一些伪噪声信号或配置产生三角波信号。图 11-1中的左上角为 DAC 的触发选择器,DAC 根据触发源的信号来进行数/模转换。触发选择器的作用就相当于 DAC 的开关,它可以配置的触发源有外部中断源触发、定时器触发或软件控制触发。本章实验中需要控制正弦波的频率,这就需要定时器定时触发 DAC 进行数模转换。

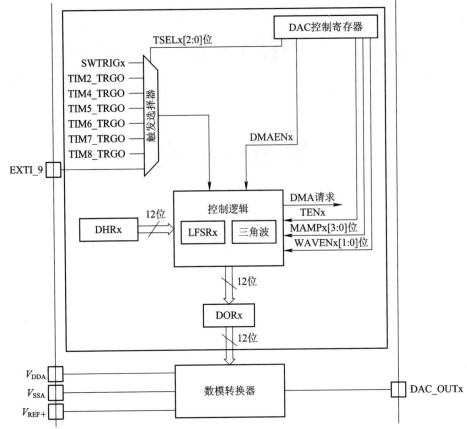

图 11-1　STM32 的 DAC 模块框图

与 ADC 外设类似，DAC 也使用 V_{REF+} 引脚作为参考电压，在设计原理图的时候一般把 V_{SSA} 接地，把 V_{REF+} 和 V_{DDA} 接 3.3 V，DAC 的输出电压范围为 0～3.3 V。如果想让输出的电压范围变宽，可以在外部加一个电压调整电路，把 0～3.3 V 的 DAC 输出抬升到特定的范围。

图 11-1 中各个部件中的"x"指设备的标号，STM32 具有两个这样的 DAC 模块，每个 DAC 有 1 个对应的输出通道连接到特定的引脚，即 PA4 连接通道 1，PA5 连接通道 2。为避免干扰，使用 DAC 功能时，DAC 通道引脚需要被配置成模拟输入功能(AIN)。

在使用 DAC 时，不能直接对上述 DORx 寄存器写入数据，任何输出到 DAC 通道的数据都必须写入 DHRx 寄存器中(其中包含 DHR8Rx、DHR12Lx 等，根据数据对齐方向和分辨率的情况写入对应的寄存器中)。

数据被写入 DHRx 寄存器后，DAC 会根据触发配置进行处理，若使用硬件触发，则 DHRx 中的数据会在 3 个 APB1 时钟周期后传输至 DORx，DORx 随之输出相应的模拟电压到输出通道；若 DAC 设置为外部事件触发，可以使用定时器(TIMx_TRGO)、EXTI_9 信号或软件触发(SWTRIGx)这几种方式控制数据 DAC 转换的时机，例如使用定时器触发，配合不同时刻的 DHRx 数据，可实现 DAC 输出正弦波的功能。

开发板上的 DAC 输出分别为 PA4、PA5 引脚，开发板上 DAC 引脚或者 STM32F4 的数据手册中的引脚介绍如图 11-2、图 11-3 所示。

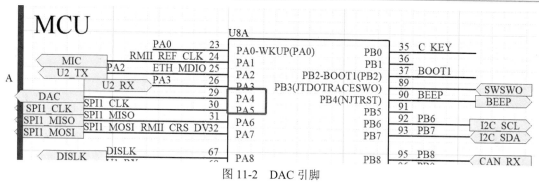

图 11-2　DAC 引脚

PA4	I/O	TTa	(4)	SPI1_NSS / SPI3_NSS / USART2_CK / DCMI_HSYNC / OTG_HS_SOF/I2S3_WS/ EVENTOUT	ADC12_IN4 DAC_OUT1
PA5	I/O	TTa	(4)	SPI1_SCK/ OTG_HS_ULPI_CK / TIM2_CH1_ETR/ TIM8_CH1N/ EVENTOUT	ADC12_IN5/DAC_OU T2

图 11-3　STM32F4 数据手册 DAC 引脚

常见 DAC 相关的库函数如表 11-1 所示。

表 11-1　常见 DAC 相关的库函数

函 数 名 称	说　　　明
HAL_DAC_Start	开启 DAC 输出
HAL_DAC_Stop	关闭 DAC 输出
HAL_DAC_Start_DMA	开启 DAC 的 DMA 输出
HAL_DAC_Stop_DMA	关闭 DAC 的 DMA 输出
HAL_DAC_SetValue	设置 DAC 输出值
HAL_DAC_GetValue	获取 DAC 输出值

其中两个常用的函数具体介绍如下：

(1) 设置 DAC 输出值函数，函数原型如下：

HAL_DAC_SetValue(&hdac, DAC_CHANNEL_1, DAC_ALIGN_12B_R, 2048)

其中：第 1 个参数表示 DAC 结构体名；第 2 个参数表示 DAC 通道；第 3 个参数表示 DAC 对齐方式；第 4 个参数表示输出电压值。

(2) 开启 DAC 输出函数，函数原型如下：

HAL_DAC_Start(&hdac,DAC_CHANNEL_1)

其中：第 1 个参数表示 DAC 结构体名；第 2 个参数表示 DAC 通道。

11.2　使用 DAC 输出指定电压

参考之前温度数据采集的内容在 CubeMX 中增加 DAC 的配置，选择 DAC，开启输出通道 2，配置保持默认即可，如图 11-4 所示。

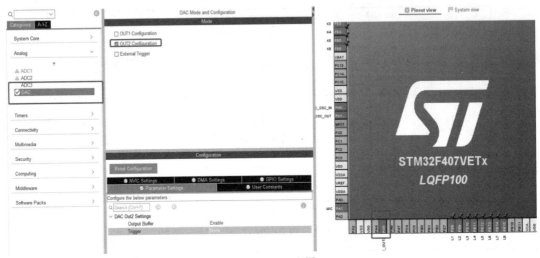

图 11-4　CubeMX 配置 DAC

设置生成独立的初始化文件，如图 11-5 所示。

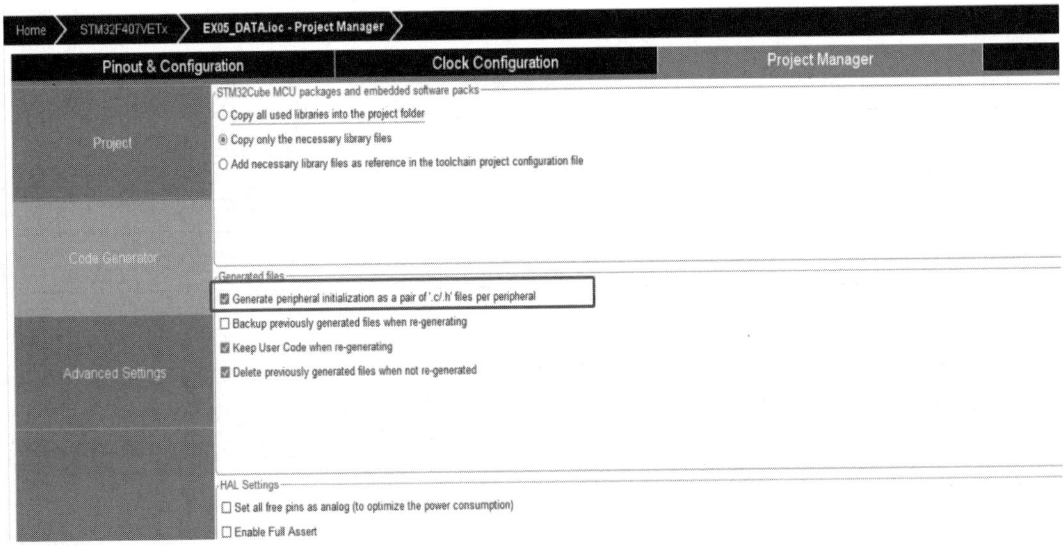

图 11-5　代码生成

修改 main.c 中的代码，如下所示：

```
int main(void)
{
    /* USER CODE BEGIN 1 */

    /* USER CODE END 1 */

    /* MCU Configuration--------------------------------------------------*/
        uint16_t i = 0;
    /* Reset of all peripherals, Initializes the Flash interface and the Systick. */
    HAL_Init();

    /* USER CODE BEGIN Init */

    /* USER CODE END Init */

    /* Configure the system clock */
    SystemClock_Config();

    /* USER CODE BEGIN SysInit */

    /* USER CODE END SysInit */

    /* Initialize all configured peripherals */
    MX_GPIO_Init();
    MX_DMA_Init();
    MX_USART1_UART_Init();
    MX_ADC1_Init();
    MX_DAC_Init();
    /* USER CODE BEGIN 2 */

    InitRTT();
    rt_thread_mdelay(100);
    rt_kprintf("Hello EX05\n");

    /* USER CODE END 2 */

    /* Infinite loop */
    /* USER CODE BEGIN WHILE */
```

```
        HAL_DAC_Start(&hdac, DAC_CHANNEL_2);


while(1)
{
/* USER CODE END WHILE */
    for(i = 0; i < 4096; i++)
    {
        HAL_DAC_SetValue(&hdac, DAC_CHANNEL_2, DAC_ALIGN_12B_R, i);
            rt_thread_mdelay(2);
        }
        printf("DAC test finish, test again!\r\n");


    /* USER CODE BEGIN 3 */
    }



}
/* USER CODE END 3 */
```

　　初始化 STM32 单片机的外设，包括 GPIO、DMA、USART、ADC 和 DAC，然后进入一个无限循环，在循环中重复输出指定的电压，设置 DAC 输出的数据为 12 位右对齐，指定输出的值为 0～4096，实际输出的电压为(value/4096×3.3) V，最后使能 DAC 转换。在每个循环迭代结束时通过串口指示 DAC 测试已完成，并将重复测试。输出电压也可以通过采用万能表测试 PA4 引脚的具体电压，如图 11-6 和图 11-7 所示。

图 11-6　串口调试信息

图 11-7　DAC 输出电压值

实 验　数 模 转 换

一、实验目标

熟悉 HAL 库 DAC 相关操作函数，基于学习板采用 DAC 输出不同电压。

二、实验内容

(1) 在 CubeMX 中添加 DAC 引脚配置，生成 MDK 工程。

(2) 当 DAC 分别为 8 位、12 位时，输出模拟电压 0.6 V、1.2 V、2.4 V。

(3) 利用单片机两路 DAC、定时器，DMA 输出正弦波，要求频率可控。

参 考 文 献

[1] 曾毓，吴占雄. 嵌入式 Linux 系统设计实践教程. 北京：电子工业出版社，2017.

[2] 蔡杏山. STM32 单片机全案例开发实战. 北京：电子工业出版社，2022.

[3] 考林 J. 嵌入式实时操作系统：基于 STM32Cube、FreeRTOS 和 Tracealyzer 的应用开发. 何小庆，张爱华，付元斌，译. 北京：清华大学出版社，2021.

[4] 刘火良，杨森. STM32 库开发实战指南：基于 STM32F103. 2 版. 北京：机械工业出版社，2017.

[5] 王维波，鄢志丹，王钊. STM32Cube 高效开发教程：高级篇. 北京：人民邮电出版社，2022.

[6] 邱祎，熊谱翔，朱天龙. 嵌入式实时操作系统：RT-Thread 设计与实现. 北京：机械工业出版社，2019.

[7] 刘火良，杨森. RT-Thread 内核实现与应用开发实战指南：基于 STM32. 北京：机械工业出版社，2019.

[8] 赵志桓，张然然，廖希杰，等. STM32CubeMX 轻松入门. 北京：北京航空航天大学出版社，2022.

[9] 李宁. ARM MCU 开发工具 MDK 使用入门. 北京：北京航空航天大学出版社，2012.

[10] 姜付鹏，刘通，王英合. Cortex-M3 嵌入式系统开发：STM32 单片机体系结构、编程与项目实战. 北京：清华大学出版社，2022.

[11] 郑亮，王戬，袁健男，等. 嵌入式系统开发与实践：基于 STM32F10x 系列. 2 版. 北京：北京航空航天大学出版社，2019.

[12] 毛玉星，郭珂，刘卫华. 单片机原理及接口技术：基于 ARM Cortex-M3 的 STM32 系列. 重庆：重庆大学出版社，2020.

[13] 曾毓，黄继业. 嵌入式系统设计：基于 Cortex-M 处理器与 RTOS 构建. 北京：清华大学出版社，2022.